ピアノ　技術革新とマーケティング戦略

～楽器のブランド形成メカニズム～

大木裕子　著

文眞堂

象徴となっていったが，スタインウェイ＆サンズ社もその一つである。ドイツからニューヨークに移住したスタインウェイ一家は，家族で力を合わせ，ヨーロッパの伝統製法をもとに近代的技術や音響学を取り入れ，技術革新を進めていった。数々の技術的イノベーションにより，スタインウェイは創業後わずか10年で世界のトップカンパニーに仲間入りしたばかりでなく，現在に至るまで，世界をリードするピアノ企業として君臨している。スタインウェイは技術革新だけでなく，巧みなマーケティング手法を駆使してそのブランドを確立してきた。本章では，その技術革新とハイエンド・ユーザーを獲得するためのマーケティング戦略の変遷を示している。

第3章「製品アーキテクチャ論から見たヤマハの楽器製造」では，世界最大手の楽器メーカーで，ピアノ製造では世界後発であるヤマハを取り上げる。ここでは楽器の製造を，自動車産業を始めさまざまな分野で研究が進んできた製品アーキテクチャ論の観点から分析し，なぜヤマハだけが大企業になれたのかを考察している。世界の楽器業界をみると，各分野で専業企業がフラグシップを握っており，世界的にもヤマハの規模に成長した企業はみられない。本章では，ピアノに加え，ヴァイオリンとサクソフォンの3楽器を取り上げ，本来擦り合わせが要となる楽器の製造において，ヤマハがどのようにして量産可能な製造システムを構築してきたかの分析をおこなった。

第4章「ヤマハのブランドマネジメント」では，ヤマハのマーケティング戦略について述べている。1887年に設立されたヤマハはオルガン製造からはじめ，1900年よりアップライト・ピアノ，1902年よりグランド・ピアノの製造を開始し，その後管打楽器製造などにも参入した。しかしヤマハが後発で参入した楽器では，既に伝統ある欧米メーカーがフラグシップを握っていた。従ってヤマハは，ハイエンド・ユーザーを狙う伝統的な欧米メーカーとは異なるブランド・パーソナリティを確立する必要があった。このためにターゲットとしたのが，初心者から中間層にかけてのボリュームゾーンである。

ヤマハの楽器事業のマーケティング活動には，大きく次の6つの特徴がみられる。①学校への独占的販売，②ヤマハ音楽教室やブラスバンドの設置

はしがき

　楽器の製造は産業革命が進展した19世紀前半に隆盛したが，その中でも1万点以上の部品が組み立てられ複雑な仕組みにより音を出すピアノは，その後のさまざまな技術革新により楽器として完成形となった。本書では，この楽器の王様とも言われるピアノを中心に，ヨーロッパで発達したピアノが，アメリカに移り，さらに日本のピアノ・メーカーによって広く普及するようになった変遷を示すとともに，楽器メーカーの技術革新とマーケティング戦略に着目し，ピアノを主力とする楽器メーカーのブランド形成メカニズムを経営学の視点から論じるものである。

　本書は，平成21年4月〜平成25年3月におこなった科学研究費基盤（B）一般21330102（研究代表者：大木裕子）「楽器のブランド形成メカニズム解明に関する実証研究」の研究成果をもとにして執筆されたものである。

　第1章「欧米のピアノ・メーカーの歴史」では，ピアノの誕生から完成までの変遷を示している。初期のピアノにはウィーン式とイギリス式の2つのアクションが存在していたが，イギリスと大陸を行き来する音楽家を介して双方のよさを取り入れたピアノが開発されるようになった。イギリスを中心としたヨーロッパのピアノ製作は伝統にこだわりを持っていたが，新興国アメリカでは積極的な技術革新が進められ，その結果，世界のピアノ生産の中心はアメリカに移っていった。本章では欧米の主要ピアノ・メーカーを中心に，19世紀の終わりに完成したピアノという楽器の技術革新の過程を振り返る。

　第2章「スタインウェイの技術経営とブランドマネジメント」では，1953年にアメリカで創業され，一躍世界のトップメーカーとなったスタインウェイ＆サンズ社を取り上げる。アメリカでは，19世紀後半から20世紀にかけて技術革新が進み，芸術・製造・科学などさまざまな分野で目覚ましい発達が見られ，その技術革新の波とともに急速に成長した企業がアメリカ経済の

による顧客層の拡大，③ 全国的に組織された販売店・特約店，④ 調律師によるアフターサービス，⑤ 電子楽器への早期参入，⑥ 音楽の裾野を広げるコンクールの開催である。このように多彩なマーケティング活動により，ヤマハのブランドは広く認知されていった。十分な演奏技術を持たないボリュームゾーンのユーザーにとっては，自分自身で楽器の価値を判断することが難しい。従って，一流のアーティストに使用されることがブランド・パーソナリティの構築にとって重要である。ヤマハはクラシック分野では中々フラグシップを取れなかったが，ポピュラーやジャズに広げることで，この分野では一流のアーティスト層を獲得することができた。ポピュラーやジャズ分野での成功は，刺激あるブランド・パーソナリティとして若年層に支持されていった。

ヤマハの楽器は，一般に品質が安定していて演奏しやすいと言われるが，個性的な音やタッチというよりは万人向けの楽器と言われている。伝統的な欧米のメーカーに比べると個性の少ないヤマハの楽器は，無色・無臭なブランド・パーソナリティを持つ。YAMAHA のブランドがハイエンド・ユーザーに「憧れ」を持って認知されているかといえば，少なくともアコースティックの分野では，フラグシップを持つ欧米のメーカーには敵わないかもしれない。しかし，多様に展開する製品のどれを取っても，手頃な価格と信頼性という意味では消費者を裏切ることはなかった。かつては，高度成長期の日本の西洋文化志向の中で，優雅さを象徴するピアノは庶民に「憧れ」をもって購入されていった。その後，日本では中産階級が大半を占めるようになり，YAMAHA のブランド・パーソナリティはアマチュアからセミプロといった中間層で構成されるボリュームゾーンのユーザーのパーソナリティと合致して，消費者に安心感を与えてきた。子供の頃からの音楽教室の「ヤマハの音」での体験が消費者の嗜好性を確立してきたこともあって，ヤマハの固定ファンを広げてきたと考えられる。さらに，音楽という幅広い年齢層や言語を超えたコミュニケーションのツールとして，ヤマハの各種の楽器は感動の機会を共有する役割を果たしてきた。YAMAHA のブランド・パーソナリティは，まさに平均的日本人のパーソナリティと合致してきたのであ

る．

　第5章 'The Art of Making Musical Instruments: Why only YAMAHA could be a big company', 第6章 'The Brand Strategy of YAMAHA Corporation: "Brand" or "Bunand"? では，ヤマハの楽器製造とマーケティング戦略に関する研究成果を，広く海外にも発信するために英語で書かれている．

　Chapter 6 focuses on a study of product architecture of musical instruments. In the musical instrument industry, only Yamaha became a major company in the world. Yamaha targeted the mid-priced segment rather than the high-end one. Gaining such customers, however, required a certain quality level of musical instruments even under mass-production. The case study shows how the company has promoted introducing the state-of-the-art technology and the automation to avoid manual variability, and outsourcing module components while ensuring the "integration" which is the key for manufacturing instruments. I demonstrate that the company enables to mass-produced instruments by committing to in-house manufacturing for finished products with the integration as well as its supporting mechanization.

　Chapter 7 analyzes Yamaha's brand management from a brand personality perspective in order to discuss why only Yamaha managed to become a leading company in the musical instrument industry. Yamaha developed the music enthusiast base through music schools and expanded the market through providing sufficiently high-quality musical instruments at reasonable prices, which was realized by mass production, hence greatly contributing to the growth of the music industry. Rather than building a brand personality that inspired admiration as a premium brand, Yamaha's colorless, indistinct brand personality enabled users to project their own personality onto it, establishing a brand personality to everyone's liking. In that sense, the Yamaha brand is an indistinct, "safe" brand (Bunand). If Yamaha became the preferred piano of professional pianists, it would be a big step out of the "innocuous brand" image and up to an attractive brand personality equipped with sophistication.

　第 7 章「スタインウェイとヤマハの戦略の違い」では，ピアノ業界で双璧をなすスタインウェイとヤマハの特徴を比較する。19 世紀後半以降は，老舗のウィーンのベーゼンドルファー，フランスのエラール，プレイエルなどに加え，ベヒシュタイン，ブリュートナー，スタインウェイなど新興メーカーの台頭で，激しい競争が繰り広げられ，スタインウェイのもたらした技術革新により，ピアノ生産の中心はアメリカに移った。スタインウェイのピアノは，現在もプロ演奏家に愛用されている。一方後発のヤマハは，自動化による流れ作業を採用した量産体制と，独自のマーケティング戦略により国内外の市場を開拓し，世界最大手の楽器メーカーとなった。幅広いファンを持ち，ヤマハは少なからずスタインウェイの経営にも脅威を与えてきた。

　スタインウェイとヤマハのマーケティングの違いをまとめると，次のようなことがわかる。スタインウェイは，既にアメリカでピアノ市場が拡大しつつある好環境の中で創業し，ドイツで培ったピアノ製造技術に技術革新を進めピアノを技術的に完成させ，特許でその権利を守ってきた。一方でヤマハの設立時には，既にピアノは楽器として完成しており，ヤマハはいかにその製法を模倣し，効率的に標準化し量産するかという点に焦点を絞ることができた。この時，既にスタインウェイは世界のトップ・アーティスト層を獲得していたが，後発で技術力のないヤマハは，初心者から中級者層を自ら開拓しなければならなかった。明治の西洋音楽普及の流れの中で，公立学校への楽器の導入を進めて経営基盤を作り，ピアノが普及していなかった日本に音楽教室を設置しながら，顧客層を拡大していった。ヤマハの音楽教室は国内外に急速に普及し，多角化からブランド認知を高めた結果，YAMAHA の名は世界に広まっていった。スタインウェイはフラグシップを狙い，ヤマハは敢えて中間層のボリュームゾーンを狙うことで利益を得るという戦略の違いがみられる。楽器産業では伝統的なメーカーの多くが，専門楽器でフラグシップを獲得するためにターゲット層を絞り込んでいるが，ヤマハは広い層をターゲットとすることで堅実なキャッシュフローを獲得することができ

た。また早くから電子楽器に着目したことで，フラグシップが確立していない市場でマス・ターゲットを獲得することができ，大企業としての成長を助けてきた。

　スタインウェイでは，価格が安いために利益の出にくいアップライトは主に他企業と提携して製造している。一方でヤマハはトップ・アーティストへの訴求と，アジア製の低価格量産品との競争に勝つために，トップブランドを持つ必要を感じ，ヨーロッパの老舗ベーゼンドルファーを買収した。ヤマハのピアノ製造も100年以上を経て，世界の著名なコンクールでピアニストに選ばれる機会も多くなってきている。この事実からも，両社のピアノ自体の性能の差は極めて小さくなっていると思われる。スタインウェイでは長い歴史を持つ一族の経営を離れ，合理的なブランド経営を望む大規模な楽器グループの一部門となった。内製して総合楽器メーカーとなったヤマハとの戦略の違いは，今後も注目されるところである。

　なお，本研究の研究成果については，下記のように論文，学会報告をおこなっており，ここに本書の各章との関連を示しておく。

1．大木裕子（2007）「伝統工芸の技術継承についての比較考察〜クレモナとヤマハのヴァイオリン製作の事例〜」京都産業大学『京都マネジメント・レビュー』，第11号，19-31頁．（第3章）
2．大木裕子（2010）「欧米のピアノメーカーの歴史〜ピアノの技術革新を中心に〜」京都産業大学『京都マネジメント・レビュー』，第17号，1-25頁．（第1章）
3．Yuko Oki (2011) '"Brand" or "Bunand"? : The strategy of YAMAHA Corporation', 第11回AIMAC（国際アートマネジメント学会，於・アントワープ大学），Conference Proceedings, 2011, 1-14頁，平成23年7月5日，口頭報告．（第4章，第7章）
4．Yuko Oki, Hideo Yamada (2011) "The Art of Making musical instruments: Why only Yamaha could be a big company?",

ESA10th Conference Geneva, Abstract Book, 57-58 頁，第 10 回 ESA（ヨーロッパ社会学会，於：ジュネーブ大学），平成 23 年 9 月 9 日，口頭報告.（第 3 章，第 6 章）
5．大木裕子・山田英夫（2011）「製品アーキテクチャ論から見た楽器製造〜何故ヤマハだけが大企業になれたのか」早稲田大学 WBS 研究センター『早稲田国際経営研究』，No.42，175-187 頁.（第 3 章）
6．大木裕子「ピアノをめぐるマーケティング戦略の変遷：スタインウェイとヤマハ」『経営行動研究学会年報』，2012，93-98 頁.（第 5 章）
7．Yuko Oki （2012）'How can be making non-commodity competitive: A case study of Yamaha Corporation' 京都産業大学「論集社会科学系列」，29 号，197-214 頁.（第 3 章，第 6 章）
8．大木裕子・柴孝夫（2013）「スタインウェイの技術経営とマーケティングの変遷」京都産業大学『京都マネジメント・レビュー』，第 23 号，1-33 頁.（第 2 章）

謝辞

　ご多忙の中インタビューに協力していただいたスタインウェイ・ジャパン株式会社鈴木達也相談役，後藤一宏代表取締役社長，マーケティング部ゼネラルマネジャー峰島理豪氏，スタインウェイ＆サンズ社ハンブルグ工場プロダクトサービスマネジャー Hartwig Kalb 氏，スタインウェイ＆サンズ社ニューヨーク工場品質ディレクター Robert Berger 氏，マーケティング・コミュニケーション・ディレクター Anthony Gilroy 氏，ヤマハ株式会社取締役常務執行役員・楽器事業統括　岡部比呂男氏，執行役員広報部長　三木渡氏，広報部広報グループ・マネジャー　二橋敏幸氏，広報部広報グループ広報担当次長　田仲操氏，ピアノ事業部生産部 GP 生産担当次長　村松富男氏，管打楽器事業部商品開発部管楽器設計課課長　庭田俊一氏，管打楽器事業部マーケティング部 B&O 営業課課長代理（ストリング担当）中林尚之氏，広報部広報グループ課長代理　伊藤泰志氏，管弦打楽器事業部商品開発部　ストリング設計課課長　中谷宏氏，管弦打学校営業部弦楽器営業グルー

プ　阿部庸二氏をはじめ関係者の方々，研究分担者として研究や論文執筆に協力いただいた京都産業大学柴孝夫教授，早稲田大学山田英夫教授，アンケート調査票作成に協力いただいたカリフォルニア在住のエドワード・ウ氏ほか，アンケート調査・ヒアリング調査にご協力いただいた国内外のピアニスト，音楽関係者の方々など，本研究にご協力いただきました皆様には心より御礼申し上げます。（なおご協力いただいた方々の肩書きや所属部署は，平成 19 年から 25 年に実施したヒアリング調査当時のものです。）

　2014 年冬

大木裕子

目次

はしがき ……………………………………………………………………… i

第1章　欧米ピアノ・メーカーの歴史的変遷 ……………………… 1

1．はじめに ………………………………………………………………… 1
2．ピアノの歴史についての先行研究 …………………………………… 3
3．ピアノの誕生 …………………………………………………………… 4
　(1)　ピアノの構造 ……………………………………………………… 4
　(2)　ピアノの前身 ……………………………………………………… 5
　(3)　ピアノの誕生まで ………………………………………………… 6
4．近代ピアノへの道のり ………………………………………………… 8
　(1)　概要 ………………………………………………………………… 8
　(2)　ウィーン式アクション …………………………………………… 9
　(3)　イギリス式アクション …………………………………………… 12
　(4)　近代ピアノの確立 ………………………………………………… 16
　(5)　19世紀に出現したピアノ3メーカー …………………………… 19
5．まとめ …………………………………………………………………… 28

第2章　スタインウェイの技術経営とブランドマネジメント … 35

1．はじめに ………………………………………………………………… 35
2．スタインウェイの誕生期 ……………………………………………… 36
　(1)　スタインウェイ以前 ……………………………………………… 36
　(2)　スタインウェイ&サンズ社の誕生まで ………………………… 37
　(3)　スタインウェイ&サンズ社の設立 ……………………………… 39
3．ピアノ隆盛期 …………………………………………………………… 42
　(1)　量産体制とマーケティング ……………………………………… 42

(2) アメリカ市場の隆盛 …………………………………………43
　　(3) 市場拡大に向けた国際戦略 …………………………………45
　4．ピアノ産業の盛衰 ………………………………………………47
　　(1) 労働争議，不況 ………………………………………………47
　　(2) 第二次世界大戦前後 …………………………………………48
　　(3) ファミリービジネスの終焉 …………………………………52
　　(4) スタインウェイの戦略についてのまとめ …………………54
　5．スタインウェイのピアノの特徴 ………………………………56
　　(1) スタインウェイの設計思想 …………………………………56
　　(2) 木材 ……………………………………………………………57
　　(3) リム ……………………………………………………………58
　　(4) 響板 ……………………………………………………………59
　　(5) フレーム ………………………………………………………61
　　(6) アクション ……………………………………………………62
　　(7) 鍵盤と棚板 ……………………………………………………64
　　(8) ペダル …………………………………………………………64
　　(9) 整調・整音 ……………………………………………………64
　　(10) 研磨 ……………………………………………………………65
　　(11) スタインウェイの特徴についてのまとめ …………………65
　6．まとめ ……………………………………………………………67

第3章　製品アーキテクチャ論から見たヤマハの楽器製造 …… 81

　1．はじめに …………………………………………………………81
　2．製品アーキテクチャの研究 ……………………………………83
　3．ヤマハの楽器製造 ………………………………………………85
　　(1) 多角化の推移 …………………………………………………85
　　(2) ヤマハの製造と下請け ………………………………………89
　　(3) 楽器製造の代表例 ……………………………………………90
　　(4) ヤマハの生産スタイル ………………………………………99

4．まとめ ……………………………………………………………99

第4章　ヤマハのブランド・マネジメント
　　　　〜ザ・サウンドカンパニー"YAMAHA"のブランド・
　　　　パーソナリティ〜 ………………………………………………104

　1．はじめに …………………………………………………………104
　2．ブランド・パーソナリティの研究 ……………………………105
　3．ヤマハの多角化とブランド・パーソナリティの確立 ………107
　　(1)　ヤマハの基盤づくり …………………………………………108
　　(2)　多角化によるブランド拡張期 ………………………………109
　　(3)　ブランド・パーソナリティの再確認 ………………………111
　4．ヤマハのブランド・パーソナリティの特徴 …………………112
　　(1)　開発時におけるブランド・パーソナリティの設計思想 …112
　　(2)　ブランド・コミュニケーションプロセス …………………113
　　(3)　消費者のブランド・パーソナリティの認知 ………………116
　　(4)　ブランド・パーソナリティによる消費者の自己表現価値と
　　　　パートナーとしての価値の獲得 ……………………………117
　　(5)　ブランド・エクイティとしての企業への還元 ……………118
　5．ヤマハ，今後の課題 ……………………………………………118

第5章　The Art of Making Musical Instruments: Why only
　　　　YAMAHA could be a big company? ……………………123

　1．Introduction ……………………………………………………123
　2．Prior Literatures on Product Architecture …………………125
　3．Yamaha's Musical Instruments ………………………………127
　　(1)　Transition of Diversification ………………………………127
　　(2)　Manufacturing and Contractors …………………………131
　　(3)　Manufacturing for Representative Musical Instruments …131
　　(4)　Yamaha Production System ………………………………138

4. Conclusion ……………………………………………………139

第6章 Marketing Strategy of YAMAHA Corporation: "Brand" or "Bunand"? …………………………………144

1. Introduction …………………………………………………144
2. The Study of Brand Personality ………………………145
3. Yamaha's Diversification and the Establishment of Brand Personality ………………………………………147
   (1) Yamaha's foundation building ……………………148
   (2) Diversification-Oriented Brand Extension Phase ………149
   (3) Revising Brand Personality ………………………152
4. Characteristics of Yamaha's Brand Personality ………153
   (1) Design Concept of Brand Personality at the Time of Development ……………………………………153
   (2) Brand Communication Process ……………………154
   (3) Consumers' Recognition of Brand Personality ………157
   (4) Consumers' Self-expression Values that the Brand Personality Offers and the Acquisition of Values as a Partner ……………………………………158
   (5) Returns to the Company as Brand Equity …………159
5. Conclusion ……………………………………………………160

第7章 スタインウェイとヤマハの戦略の違い ………………164

1. はじめに ……………………………………………………164
2. スタインウェイ ……………………………………………165
   (1) 設立期 …………………………………………………165
   (2) 成長期 …………………………………………………165
   (3) 成熟期 …………………………………………………167
3. ヤマハ ………………………………………………………169

(1) 設立期 ……………………………………………………169
　　(2) 成長期 ……………………………………………………170
　　(3) 成熟期 ……………………………………………………171
　4．スタインウェイとヤマハの違い ……………………………172
　5．結語 …………………………………………………………174
　　(1) 消費者から見たスタインウェイとヤマハ ………………174
　　(2) まとめ ……………………………………………………176
おわりに ……………………………………………………………179
索引 …………………………………………………………………181

第 1 章

欧米ピアノ・メーカーの歴史的変遷

1. はじめに

　ピアノは，木，鉄，フェルトなどさまざまな素材を使った多数の部品により構成されており，弦楽器や管楽器に比較すると，その機構も複雑でメカニックな楽器である。世界最高峰のグランド・ピアノを製造するスタインウェイでは，ピアノを構成する部品は 12,000 以上におよぶという[1]。1700 年頃にイタリアのフィレンツェで発明されたフォルテピアノと呼ばれる楽器が，30 年後ドイツにおいて本格的に製作されるようになり，産業革命期のイギリスを中心に発達していった。ピアノは，モーツァルト，ベートーベン，ショパン，リストといった優れた音楽家とともに発達してきた。音楽家の要求に合わせて音域も広がった（図表 1-1）。ピアノの演奏場所も，王侯貴族のサロンから新興階級の客間へと移り，さらに数千人を収容する音楽ホールが建設されるようになると，ピアノにはより大きな音量が必要になった。これに合わせ，ピアノのアクションやフレームなどが大幅に改良されて現在の楽器となった。

図表 1-1：音域の変遷

所有者	製造年	メーカー	鍵盤数
モーツァルト	1780 年頃	無銘	61
ベートーベン	1817 年	ブロードウッド	73
ショパン	1839 年	プレイエル	82
リスト	1880 年頃	ベヒシュタイン	88

出典：林田他『ピアノの歴史』88 頁。

モーツァルト（Wolfgang Amadeus Mozart 1756-1791）が活躍していた18世紀にはまだチェンバロが主流で，ピアノは小さい工房で作られており，生産も少量だった。1850年頃になると，ブロードウッド（Broadwood）をはじめとしたイギリスのメーカーが君臨するようになった。西原（1995）によれば，ピアノが普及したのは18世紀末から19世紀にかけて，産業によって裕福になり上流階級意識を持つようになった庶民の間であった。まだ身分社会が残る社会の中で，音楽会場は唯一身分の障壁がゆるむ空間であり，上流志向を満足させるものだった。また「ピアノを持つ」ことが「客間をもつ」のと同義で，新興ブルジョア階級の人々の自尊心をかきたてるものだったためだとされる。19世紀後半以降は，ウィーンのベーゼンドルファー（Bösendorfer），シュトライヒャー（Streicher），フランスのエラール（Erard），プレイエル（Pleyel），エルツ（Helz）などの既存メーカーに加えて，ベヒシュタイン（Bechstein），ブリュートナー（Blüthner），スタインウェイ（Steinway）などの新興メーカーの台頭で，激しい競争が繰り広げられた。ヨーロッパでは伝統製法にこだわったイギリスのブロードウッドがこの競争から脱落し，代わりにドイツのメーカーがシェアを拡大した。アメリカではスタインウェイやチッカリング（Chickering & Mackays）を中心に技術革新が進められ，次第にピアノ生産の中心はヨーロッパからアメリカに移っていく。1900年頃には，ベルリン175，ロンドン175，パリ50，ニューヨーク130のピアノ工場があった[2]。20世紀に入るとアメリカの大量生産が進み，ピアノ・メーカーには世界市場を視野に入れた販売力が必要とされるようになった。

　第二次世界大戦後は，日本のヤマハが世界市場に進出したことで，性能のよい低価格のピアノが家庭に普及していった。先進国ではピアノは衰退産業となって久しく国内の生産・販売量は減少しているが，代わって韓国や中国でのピアノの販売台数が増加してきた。特に近年，中国の都市部を中心としたピアノ需要の伸長が目覚ましく，世界のピアノ・メーカーもこの市場を重視している。世界で約50万台の新品ピアノが販売されているが，その半数が中国市場で[3]，中国で生産される廉価なピアノはアメリカ，ドイツ，韓

国，日本をはじめヨーロッパ諸国にも輸出されている[4]。

　欧米日の既存メーカーでは自社で部品を製造しないアウトソーシングや，労賃の安い中国やベトナムなどでのOEMの動きも活発である。例えばボストン（Boston）ブランドは，スタインウェイが普及用ブランドとして1985年に立ち上げたもので，1991年に河合楽器製作所がOEM供給契約を結び，河合楽器製作所で生産されている。また，エセックス（Essex）はスタインウェイが韓国のユンチャンにOEMしているブランドである。さらに，多角化やM&Aの動きもある。例えばヤマハは管楽器や電子楽器の開発を進め，これらの楽器を「金のなる木」としながら，その収益でピアノの製造を続けている。スタインウェイはアメリカのトップ楽器メーカーであるセルマー・グループの傘下となり，管弦打楽器製造の企業複合体としてスタインウェイ・ミュージカル・インスツルメンツを形成してきた。もっとも，2013年にスタインウェイ・ミュージカル・インスツルメンツは投資ファンドのコールバーグ・カンパニーに売却され，今後の経営改革を進めていくという。このように歴史あるピアノ・メーカーは本体をスリム化したり，多角化を進めたり，M&Aによる規模化を実現しながら経営の安定を図り，伝統的な製造方法を継承しつつピアノの生産を続けている。

2. ピアノの歴史についての先行研究

　ピアノの歴史については，これまで音楽学や機械工学の分野で多くの研究がされてきたが，経営学の観点からの研究は少ない。音楽学からのアプローチではあるが，西原（1995）はピアノの誕生から発達の歴史と当時の社会情勢との関係を考察している。また一流音楽家との深い関わりを持ちながらビジネスを展開してきたスタインウェイについては，その歴史や製造方法について，リーバーマン（1995）やバロン（2006）が詳細に研究している。また前間（1995）らは日本におけるピアノ普及の歴史について初めて包括的にまとめている。機械工学の観点では，ヤマハの技術開発に携わる林田ら

(1997) がピアノの構造の発達を明確に提示している。

本章では、これら先行研究による情報収集に加え、スタインウェイ及びヤマハ関係者へのインタビュー、浜松でのヤマハ・ピアノ工場、ハンブルグでのスタインウェイ・ピアノ工場の見学をもとに、ピアノの誕生からその発達の過程を振り返りながら、ヨーロッパとアメリカにおけるピアノ製造技術革新の歴史をまとめている。

3. ピアノの誕生

(1) ピアノの構造

まずピアノの技術改革の過程を知る上で、簡単にピアノの構造の概要を示しておくことにする。現代のアコースティック・ピアノは、大きくはグランド・ピアノとアップライトに二分される。グランド・ピアノには、一般に230本前後の弦が張られ、ウッドフレームと鉄フレーム、それを支える数本の支柱が全体の強度を保っている。弦1本あたり平均60〜100キロの張力がかけられているため230本を合計すると20トン近くになる[5]。(図表1-2)

図表1-2：ピアノ台の総張力の変遷

1800年頃	約4.5トン
1850年頃	約12トン
現代	約20トン

出典：林田他『ピアノの歴史』89頁。

ピアノには、響板（音響板）と呼ばれる薄板がピアノの全面に近い大きさで取り付けられており、音色や音量にも影響を与えている。木目が詰まっているほどよい音になるため寒冷地の木材を使用することが多い。スタインウェイのピアノは、フレームと響板が一体化している。弦を叩くハンマーヘッドは、弦と接する部分にフェルトが使われている。黒鍵と白鍵88鍵（7オクターブと3音）の鍵盤があり、キーを叩いた時にハンマーに伝達する複雑な部品から成るアクション機構が、木、金属、布、革、フェルトなどの材

料で作られている。ひとつの鍵盤で複数の弦を叩く（中音部から高音部では2〜3本，低音部では1〜2本）ようになっており，弦の太さは低音部から高音部にかけて次第に細く，長さは次第に短くなっている。弦にはスティール線のミュージックワイヤーが張られており，低音部は芯のミュージックワイヤーに銅線の巻線を用いている[6]。

　ピアノは誕生してから現在の形になるまでの過程でさまざまなタイプが存在していた。フレーム，響板，アクション，鍵盤，弦，ペダルなど，それぞれの部品や機構の技術革新が，現代のピアノに結びついている。初期の楽器は，英語ではピアノフォルテ（Pianoforte），ドイツ語ではハンマーフリューゲル（Hammerflügel）[7]，ハンマークラヴィーア（Hammerklavier），イタリア語・フランス語ではフォルテピアノ（Fortepiano）[8]と呼ばれてきた。19世紀に完成形となった近代ピアノは，英語・フランス語ではピアノ（Piano），ドイツ語ではクラヴィア（Klavier），イタリア語ではピアノフォルテ（Pianoforte）と呼ばれている。

(2) ピアノの前身

　ピアノの原型となったのはクラヴィコード（Clavichord）やチェンバロ（Cembalo）などヨーロッパで使われていた鍵盤楽器である。鍵盤楽器は楽器の発音部分とは別のところに鍵盤を設け，指で鍵盤を操作することで演奏することができる音楽のための機械である。弦楽器や打楽器に比べると，圧倒的にメカニックな部分が大きい。このためにさまざまな部分での技術革新が可能であった。

　ピアノの前身となったクラヴィコードは古代ギリシャのモノコードが起源というが，14世紀頃に発明され，16世紀から18世紀のヨーロッパで使用された。歴史はチェンバロより古く，箱形の木製楽器でテーブルなどの上に置いて演奏する。初期のクラヴィコードは4オクターブ程度の小さいものだったが，1730年以降には6オクターブある大型のものも製作されている。クラヴィコードは，タンジェントという突き上げ棒により発音する楽器で，強弱を加減できた。構造上ダンパーで全ての音を止めてある状態で，大きな音

が出ないため演奏用というよりは個人の練習用の楽器だった。オルガン奏者が練習のために使ったり，音楽を演奏したりして楽しむ家庭の楽器であった。

　チェンバロ（Cembalo（独），クラヴィチェンバロ Clavicembalo（伊），ハープシコード（英）Harpsichord，クラヴサン Clavecin（仏））の正確な誕生時期は不明ではあるが，15 世紀以前に遡り，プサルテリウムという楽器が原型となっている。ダンパー[9]のアクションは，指でキーを押すと爪（タンジェント）が弦をはじいて音を出すとともに，ダンパーが上がって弦から離れ，指を離すとダンパーが弦に触れ音が止まるようになっている。音の強弱は出ないが，フレージングとアーティキュレーションを明確にすることで多彩な音楽表現が可能である。15 世紀末から 16 世紀にかけてイタリアが製作の中心となり，ひとつのキーが 2 本の弦をほぼ同時にはじく機構の楽器だった。17 世紀にフランドル地方に製作の中心が移ると，鍵盤が 2 段になり，それぞれの鍵盤に 1 セットの弦が取りつけられたり，オクターブ上の音を鳴らす弦のセットが加えられたり楽器の大型化，音色・音量の多様化が進んでいった。チェンバロは 17 世紀から 18 世紀にかけてバロック音楽に広く使用された。

　古代から使われてきたオルガンも含め，鍵盤楽器を発明し発達させたのはヨーロッパだけで，オルガンは教会で，チェンバロはサロンで，クラヴィコードは個室で使われていた。ピアノが発明された後も，18 世紀末まではチェンバロが主流で，クラヴィコードは 19 世紀前半まで広く家庭で使われていた。

(3)　ピアノの誕生まで

　ピアノを世界で初めて考案したのは，イタリアのフィレンツェでチェンバロの製作をしていたバルトロメオ・クリストフォリ（Bartolomeo Cristofori 1655-1731）である。音楽を愛したメディチ家トスカーナ大公子フェルディナンド・デ・メディチ（Ferdinando de 'Medici 1663-1713）に仕えたチェンバロ製作・調律師クリストフォリは，1700 年前後[10]に今日の

ピアノの原型となる全く新しい鍵盤楽器を製作した。弦をはじくのではなく，革で包んだハンマーが弦をたたく原理の「グラヴィチェンバロ・コル・ピアノ・エ・フォルテ (Gravicembalo col piano e forte[11]，ピアノフォルテ，ピアノと略されるようになる)」と呼ばれたこの楽器は，チェンバロと異なり，指のタッチで音の強弱を表現することができる画期的なものだった。

構造的にピアノのアクションには，① 鍵盤上のスピードをハンマースピードに拡大変換する機能，すなわちハンマーが弦を叩く時の速度を最大化しかつ運動する距離を大きくすることで，鍵盤を押さえる指の力以上の力でハンマーが弦を叩くことができるようになり，押さえる指の力に比例して弦を叩くことができるため，めりはりが表現できる。② ハンマーが弦を叩いた後，ハンマーを自由に動かす機能 (エスケープメント機能)，すなわちハンマーが弦を叩くと次回鍵盤を叩く動作に備えて元の位置に戻るので，同じ音を繰り返して弾くレペティションが可能になる。③ 弦から戻ったハンマーを固定させるバックチェック機能，これによりハンマーの跳ね返りを防止し，二度打ちすることなく一撃離脱することができる。④ 弦振動を止めるダンパー機能，すなわち弦を押さえて音の響きを止めることができる。という4つの機能がある。クリストフォリの楽器には，この機能が全て含まれていた。クリストフォリの優れた職人技により発明されたこのアクションは豊かな表現を可能とするもので，世紀の発明とも言われている。この楽器の評判はすぐに伝わり，スペインやポルトガルにも輸出された。もっとも18世紀末まではクラヴィコードやチェンバロが主流だった。18世紀半ばはイタリアオペラの全盛期で，劇場の公演にはチェンバロが不可欠だったため，イタリアではオペラの演奏に向かないフォルテピアノは普及しなかったが，ドイツではその表現の豊かさが歓迎されることになった。この契機となったのは，1711年にシピオーネ・マッフェイ侯爵 (Scipione Maffei 1675-1755) が，クリストフォリの発明したピアノフォルテはチェンバロに代わる楽器として注目されると書いた論文を"Venetian Giornale de' letterati d'Italia"に掲載したことであった。これが1725年にドイツ語に翻訳され，

この記事を目にしたドレスデンのオルガン職人ゴットフリート・ジルバーマン（Gottfried Silbermann 1683-1753）が触発され，1730 年にピアノ製作を開始した。ジルバーマンは既に著名な楽器製作者で，オルガンだけでなくさまざまな楽器を製作していた。1730 年代にジルバーマンのピアノを見せられた音楽家バッハ（J.S. Bach 1685-1750）は，ピアノの音色を評価はしたものの，高音域が弱くタッチが重くて弾きづらいと指摘したという。ジルバーマンはこれを受け，改良を進めていった。自らもフルートを演奏するなど音楽を愛するプロイセンのフリードリッヒ 2 世（Friedrich Ⅱ 1712-1786 フリードリッヒ大公）がこの新しい楽器に興味を示し，ジルバーマンを支援した。大公はジルバーマンに 15 台のピアノを作らせ，これらはサンスーシ宮殿のほかベルリン周辺の大公の城に置かれ，演奏が楽しまれた。1747 年にバッハがフリードリッヒ 2 世に献呈されたジルバーマンのピアノを試演したことが知られている。

4. 近代ピアノへの道のり

(1) 概要

チェンバロなどの鍵盤楽器製作から移行した初期のピアノ・メーカーのほとんどは小規模な工房だった。18 世紀の後半ウィーンはピアノ製作の中心となり，ロンドンでもピアノの改良が進んでいった。イギリスでピアノ製作が発展したのは，1770 年代から戦費や華美な宮廷文化のためドイツやオーストリアの宮廷の財政状況が極めて悪化していたことや，オーストリアのマリア・テレジアとプロイセンのフリードリッヒ大王の間で 3 回に渡るシュレージエン戦争や，7 年戦争を起こしたことで，ドイツの製作者たちが難を避けビジネスチャンスのあるイギリスに渡ったことによる。ジルバーマン以降ピアノの製作は 2 つの流派に分かれ，それぞれウィーン式アクション，イギリス式アクションと呼ばれるようになった。ウィーン式とイギリス式のピアノは楽器のアクションや響きが異なるが，これは演奏方法だけでなく，音楽の違い，様式の違いを表すものでもある。

19世紀後半になるとイギリス式が主流となり，現在製造されているピアノのほとんどがイギリス式アクションを取り入れている。イギリス式アクションは，エラールがフランス革命を避けて産業革命期でビジネスの可能性の高いイギリスに渡り，レペテションレバーによるダブルエスケープメント機構を開発したことで，原理的には完成形となった。さらに1848年の革命の際，ドイツからアメリカに渡った一家がスタインウェイ＆サンズ社を設立し，数々の改良を進め，大ホールでの使用に耐えるコンサート用のピアノに仕上げていった。

(2) ウィーン式アクション
① 発達の過程

ヨーロッパでは1770年以降，ウルムのクリストフ・フリードリッヒ・シュマール (Christoph Friedrich Schumahl 1739-1814)，レーゲンスブルグのフランツ・ヤコブ・シュペート (Franz Jakob Späth 1714-1786)，ウィーンのアントン・ヴァルター (Anton Walter 1752-1826) などの製作者が活躍していたが，特にその後のピアノの発達に大きな影響を与えたのは，ヨハン・アンドレアス・シュタイン (Johann Andreas Stein 1728-1792) であった[12]。

シュタインは1728年ヒルデスハイムに生まれ，父はオルガン製作者だった。父親のもとで修業した後，ストラスブールでピアノを作っていたジルバーマンの甥ハインリッヒ・ジルバーマン (Heinrich Silbermann 1722-1799) に師事し，1751年にはアウブスブルグで工房を構えた。シュタインは，ジルバーマンのメカニズムに改良を加えて「ウィーン式アクション」を創案し，華麗な動きを得意とするピアノを誕生させた。ウィーン式は跳ね上げ式のアクションで，エスケープ機能がハンマーの下ではなく奥についており，ハンマーが上に跳ね上げる構造になっている。ハンマーシャンクが鍵盤の上に直接乗っており鍵盤とハンマーが直結しているため，軽いタッチでハンマーが敏感に反応し速いパッセージが弾きやすかったが，強い音は出せなかった。当時，演奏者の意図通りに音が出ないピアノが多い中で，シュタイ

ンのピアノは動作が均一で，次の打鍵への準備ができるエスケープメント機構を持っており，明らかに性能が優れていたという。それまでシュペートのピアノを気にいっていたモーツァルトも，シュタインのピアノの性能のよさを認め，シュタインのピアノを愛用して多くのピアノ曲を残している。

シュタインの工房は，ヨハン・アンドレアスの死後，娘のナネッテ・シュトライヒャー（Nannette 1769-1833）が弟マテウス・アンドレアスとともに工房を経営したが，1793年にナネッテがドイツのピアニストでピアノ製作者だったヨハン・アンドレアス・シュトライヒャー（Johann Andreas Streicher 1761-1833）と結婚すると，1794年には父の顧客リストを頼りにウィーンに移り住んで製作を続けた。ナネッテは，夫や息子のヨハン・バプティスト（Johann Baptist 1796-1871）をパートナーとしてピアノ工房の名を上げ，後にはヨハン・バプティストが工場を仕切るようになり，多くの特許を取得して世界的に有名なメーカーとなっていった。ナネッテとアンドレアスはピアノ製作者だったばかりでなく，プロモーターの役割も果たしてきた。はじめは彼らのマンションを会場とし，1812年からはピアノサロンに場所を移して，多くのコンサートを企画し若手演奏家を育てていった。音楽家ベートーベン（Ludwig van Beethoven 1770-1827）もシュトライヒャーのピアノを高く評価していた。シュトライヒャー夫婦とベートーベンとは生涯に渡り親密な関係を維持し，ピアノを提供するだけでなく，ナネッテはベートーベンの病気の看病や生活の世話などプライベートな部分でもベートーベンを支援していたという。このように当時から，ピアノ・メーカーと音楽家の結びつきが非常に強かった。

ウィーン式アクションは，このほかアントン・ヴァルター（Anton Walter 1752-1833），コンラート・グラーフ（Conrad Graf 1782-1851），ミヒャエル・ローゼンベルガー（Michael Rosenberger 1766-1832），ペーター・ローゼンベルガー（Peter Rosenberger）などに受け継がれ，1830年代に入るとコンラート・グラーフ（Conrad Graf），ベーゼンドルファーなどのメーカーが深くて柔らかい音質と華やかさを持った楽器として完成度を高めていった。これらの楽器はドイツ・ロマン派の音楽にもつながっていっ

た。ウィーン式のアクションはチェルニー（Carl Czerny 1791-1857），ショパン（Frédéric François Chopin 1810-1849），シューマン（Robert Alexander Schumann 1810-1856），メンデルスゾーン（Jakob Ludwig Felix Mendelssohn Bartholdy 1809-1847）などの音楽家に愛用された。

② ウィーンの主要メーカー：ベーゼンドルファー[13]

ベーゼンドルファーは，1828年イグナーツ・ベーゼンドルファー（Ignaz Bösendorfer 1794-1859）によって創業された。イグナーツは名匠ヨーゼフ・ブロッドマン（Joseph Brodmann 1763-1848）のもとで19歳より15年間修業をした後ウィーン市からピアノ製造の許可を得て独立した。1830年にはオーストリア皇帝から初の宮廷御用達ピアノ製造者の称号を授けられた。ベーゼンドルファーは，当時ピアニストとして活躍していたフランツ・リスト（Franz Liszt 1811-1886）により一躍有名になった。リストはエネルギッシュな演奏のため，演奏会が終わる頃にはピアノが使えなくなることが多かったが，ベーゼンドルファーはリストの演奏に耐える唯一のピアノとして，活発なリストのソロ演奏活動とともに世界中にこのピアノのブランドが知れ渡っていった。その後のアメリカのスタインウェイを中心とした開発によりピアノの大音量化が進むなかで，ベーゼンドルファーはピアニッシモを美しく出すことにこだわり，手作業での製造を続けてきた。音楽活動が盛んなウィーンでは，ベーゼンドルファーホールで開催されるコンサートが社交場の一つとなっていった。1859年には息子のルードウィッヒが継いで世界的な企業となるが，1909年にファミリービジネスは終焉し銀行家カール・フッターシュトラーセ（Carl Hutterstrasser）に引き継がれた。ベーゼンドルファーのピアノは「ウィンナートーン」と呼ばれる高貴な深みのある音が特徴[14]で，各国の貴族・王室などに納められてきた。

その後ベーゼンドルファーが現在に至る経緯を見ると，1966年にアメリカのキンボール（Kimball[15]）社の経営傘下となるが，2002年オーストリアの銀行グループBAWAG P.S.K.が株式を取得し資本が本国に戻った。しかし2007年に再び経営難に陥り2008年よりヤマハの小会社となった。手作業

での生産のため生産台数は創業から180年の歴史の中で，現在までに約48,000台と極端に少なく，スタインウェイの10分の1，ヤマハとの比較に至っては100分の1の生産量しかない。1台にかける時間は約62週間，整音・調律には8週間かけている。

(3) イギリス式アクション
① ブロードウッド

1753年にゴットフリート・ジルバーマンが亡くなり，ドイツとオーストラリアの間に7年戦争（1756-63）が勃発した。この戦争で，ザクセン地方のピアノ製作は大きく打撃を受けたことから，戦争の動乱を避け，1760年ジルバーマンの12人の弟子たちはドイツの提携国であるイギリスに渡った。その中で特に優秀だったヨハネス・ツンペ（Johannes Zumpe 1735-1783）は，ロンドンのハープシコード製作者バーカット・シュディ（Burkat Shudi 1702-1773）[16]の工房に入り，ジルバーマンのピアノを改良し，ペダル機構を取り入れるなど改良を重ねていった。ツンペは1762年にイギリス式シングルアクションの打弦機構を考案し，現在のピアノの土台となる小型のスクエア・ピアノを完成させた。イギリスのピアノはハンマーが重く音は現在のピアノに近かったが，アクションに関してはウィーン式よりはクリストフォリが発明した初期に近いものを使用していた。現代のハンマーアクションと同様の向きで，ウィーン式とは反対である。ハンマーシャンク[17]の部品は簡単なもので，連打するには問題もあったが，突き上げ式と呼ばれハンマーが途中から鍵盤と独立に運動することから，強い打弦に有利だった。後に，連打や弱打などへの対応を改良して現代のハンマーアクションにつながっていった。音質・タッチともに素晴らしく，家庭向きのスクエア・ピアノは評判を呼び，アダム・ベイアー（Adam Beyer 1774-1798）など多くのドイツ人製作者もロンドンに渡った。

ツンペのイギリス式アクションに弦の弾力を加え，フレームを強くするなどの改良をおこなったのがイギリスのジョン・ブロードウッド（John Broadwood 1732-1812）であった。ブロードウッドは，1761年にツンペの

いたシュディの工房に入り，シュディの娘バーバラ（Barbara）と結婚して，1773年には工房を継ぎブロードウッド社（Broadwood & Sons）とした。このスクエア・ピアノはホッパーでハンマーを突き上げることから，「突き上げ式」と呼ばれるアクションだった。この突き上げ式アクションにより，いっそう重厚感のある音と響き，コントラストをつけた音色が可能になった。駒の仕掛けや音を持続させる右の足ペダルも開発した。ブロードウッドはベートーベンに自社の楽器を認めてもらうために，ピアノをロンドンからトリエステまで船で運び，そこから荷馬車でアルプスを越えて360マイル運ばせたという[18]。ベートーベンがこの音量のあるピアノという楽器に強い魅力を感じ，作曲のためにピアノ・メーカーに次々と改良を促したことで，ピアノは完成度を高め，より高度な演奏テクニックを可能とするようになっていった。ベートーベンは積極的にピアノの改良に関与し，より大きい音量，広い音域を要求し，その結果6オクターブ半のピアノを実現させた。ピアノのための優れた楽曲は19世紀のシューマン，ショパン，リストに引き継がれ作曲されていくが，これらの音楽家もブロードウッドの楽器を愛用していた。

② エラールのダブルエスケープメント

ストラスブールに生まれたセバスティアン・エラール（Sebastian Erard 1752-1831）は，父親の死後16歳でパリに出てチェンバロメーカーで働くようになり頭角を現わしていった。1777年には最初のスクエア・ピアノを製作し，急速に製作者としての名声を高めていった。台頭するエラールに対しては同業からの事業妨害もあったが，ルイ16世が個人的に介入して収めたという。マリー・アントワネットの庇護を受けていたエラールは，フランス革命が勃発するとパリでの事業が難しくなり，1792年ロンドンで工房を設立し，1796年それまでのイギリス式アクションのピアノに改良を加えた初のピアノを製作した。1801年にはロンドンでピアノのアクションを改良するための特許を獲得し，1821年にはダブルエスケープメント機構のアクションを発明した。このダブルエスケープメント突き上げ式のアクションは

フランス式と呼ばれ，1851 年パリにピアノ工場を設立した優れたピアニスト，アンリ・エルツ（Henri Herz[19] 1803-1888）によって改良が進められ，現代のグランド・ピアノにも使用されている。鍵盤が上がってきている間にハンマーが元に戻り，次の打弦動作を繰り返せるようにすることで，鍵盤がピアニストのタッチに敏感に反応するようになり，より早い連打が可能になった。ロンドンのアクションを土台としながらも，ウィーン式アクションの軽やかさとロンドンのアクションの速さと堅牢さを併せ持つ優れたアクションだった。1795 年フランスに総裁政府が成立すると，エラールはパリに本拠地を戻し，その後ナポレオンの庇護を受け，イギリスではジョージ 4 世の庇護も受けて，パリとロンドンでイギリスとフランス両国の技術のよさをうまく取り入れたピアノを製作[20]するようになった。ロンドンの工場は，その後 1890 年までピアノ製造を続けた。

　19 世紀初頭からパリはピアノ演奏のメッカとなっていった。パリでは 6 軒に 1 軒がピアノを持っていたとも言われている[21]。19 世紀半ばにはパリが音楽文化とピアノ製造技術のイノベーションの中心となり，エラールとプレイエルの二大工房が台頭した。ショパン，リスト，タールベルクなどのピアニストがパリにやってきたことで，ピアノはさらに進化を遂げていった。彼らの技巧はエラールの改良に影響を与えていった。神童と呼ばれるリストがパリに出て来たときに，エラールはリストの家の近所に住んでいた。エラールはリストにピアノを提供し，リストは各地でピアノのリサイタルを開いてエラールの楽器を広めていった。当時エラールは最も完成度の高い楽器であり，明快な音が特徴だった。ピアノの魔術師と呼ばれ超絶技巧のリストはピアノの可能性を大きく広げていった。もっともリストのエネルギッシュな演奏にエラールのピアノの弦は切れることが多く，リストはより頑丈なベーゼンドルファーのピアノに喜んだという。

③　フランスの主要メーカー：プレイエル

　プレイエル（Pleyel）は，1807 年にパリで創業された。ハイドンに師事した作曲家として知られるイグナース・ジョセフ・プレイエル（Ignas

Pleyel 1757-1831）によって，この年最初のピアノが製造された。イグナースはオーストリアの生まれで，早くからその才能を認められウィーンで学び，イタリア留学，ストラスブールの楽長を経て，1795年，38歳でパリに定住するようになり，ハイドンの弦楽四重奏曲やミニチュア・スコアを出版する音楽出版社を始め，1807年にピアノ・メーカーとなった。会社はその後，1813年にはピアニストとして知られる息子のカミーユ（Camille 1788-1855）に引き継がれ，カミーユはロンドンでブロードウッドの工法を学び，父親の工場で修業を積んだ。プレイエルでは，ピアニストのカルクブレンナー（Frirdrich Kalkbrenner 1785-1849）をいち早く経営陣に引き入れ，コラード（Frederick William Collard 1772-1860），クレメンティ（Muzio Clementi 1752-1832）などとともにピアノ製造技術を探求してイギリスの技術を導入し，近代化した工場を設立した。プレイエルのピアノは，自らも音楽家として活躍する経営陣が，開発に関し優れた音楽家の意見を積極的に取り入れていったことで作り上げられたものであった。新たに，鋳型による鉄骨（1826年），合板による響板（1830年）などが試された。プレイエルのホールには，カミーユやカルクブレンナーを慕って多くのピアニストが集まってきた。その中にはショパンも含まれていた。

　22歳でパリデビューをしたショパンは，大きなホールよりも収容人数200名程度のサロンでの演奏を好み，繊細なタッチでピアノ曲を作曲していった。パリで当初使用したのはエラールだったが，カミーユと友人だったショパンは，プレイエルのピアノを譲り受け愛用した。派手すぎない軽いタッチのピアノで，ピアノの詩人と呼ばれるショパンの微妙なニュアンスを表現しやすい楽器だった。ピアニスト仲道郁代はショパンの愛用した当時のピアノを弾いて，「このプレイエルはフラジャイルに見えるが，実は気持ちを入れるととても豊かな音も出すことができる素晴らしいピアノだ。今まで何故だろうと思ってきた，ショパンの曲に書かれたペダル記号や指使いも，この楽器で演奏するとなるほどと思う」[22]と述べている。それ程，当時のピアノと現代のピアノとはタッチや音の出方も異なる。巨大な演奏会場には音量が足りないが，当時ショパンが好んだサロンでの演奏には十分な音量を持つデリ

ケートながら奥の深いピアノである。

　経営はその後 1855 年にオギュスト・ヴォルフに経営権が引き継がれ，65 年には 55,000 ㎡ の工場を設立，最盛期の 1866 年には年間 3,000 台のピアノを生産した。87 年にはヴォルフの義息子でエンジニアだったギュスターブ・リヨンが引き継ぎ，製造を近代化する。1927 年にはサル・プレイエル（Salle Pleyel パリ 8 区にあるコンサートホール）が建設され，パリの音楽文化の中心となった。サル・プレイエルは，1934 年経営破たんによりホールはクレディリヨネに買収されたが，その後事業家の所有を経て，2006 年サル・プレイエルとして再開した。

　本体はリヨンが経営から退くとともに 1961 年ガヴォーとエラールを合併するが，経営が破綻し，1971 年にドイツのシンメルに買収されプレイエルのブランドは工場をドイツに移転する。もっとも，北フランスにてフランス政府が援助してラモー（Rameau）の名で生産を開始し，1994 年にラモーグループが 3 ブランドを買取る形で 1996 年 Pleyel&Co. とし，名称もフランスピアノ製造株式会社（Manufacture Francaise De Pianos）となった。その後アラン・フォンにより運営されてきたが，経営不振から，2007 年からはパリ郊外の工房にて受注生産に切り替え年間 15〜20 台のピアノを生産するに留まっている。

⑷　近代ピアノの確立

　大陸とロンドンを往復する音楽家は，イギリス式，ウィーン式双方のアクションの発達に大きな影響力を持っていた。ロンドンに行ったハイドンがイギリスのピアノは音域が広いことをウィーンの製作者に伝えたことが，ウィーン式のピアノの音域を広げることにつながった。ベートーベンはチェンバロが主流の時代に生まれたが，1792 年にボンからウィーンに移り，ウィーンではじめてピアノという楽器に出会った。この頃，ピアノ・メーカーは競って音楽家にピアノを寄贈していた。ベートーベンは 1790 年代にヴァルター製，1803 年にエラール製，1817 年にブロードウッド製，晩年にグラーフ製を入手している[23]。ピアノという発展途上の楽器に対する音楽家

の不満を反映させることが，ピアノの進化につながっていった。そして 19 世紀初頭になるとウィーン式の代表格シュトライヒャーはイギリス式のよさを認識し，これに匹敵するアクションを開発，イギリス式のエラールもウィーン式の利点を生かすように努めるようになった。このように，ピアノの製作者たちは演奏家の意見をうまく取り入れながら，メカニズムの改良を進めていった。

　西原（1995）によれば，18 世紀末のピアノ製作は全て小規模工房で，シュディもシュタインも年間 20 台程度の生産量だった。これが 1800 年代初期には，イギリスのブロードウッドが年間 400 台以上生産するようになり，家庭用のアップライト・ピアノの販売に成功したことで，1850 年代になるとブロードウッドを中心としたイギリス勢がピアノ業界で君臨し，イギリスでは年間 25,000 台のピアノが生産されるようになった。このうちの 2 万台がアップライトであった。19 世紀半ばのピアノ工場の 86％が工員 10 人以下の小規模工房で，300 人以上いるピアノ工場は 12 社だった[24]という。フランスのエラールは年間 1,000 台程度の生産を継続してきたが，1890 年代には 2,000 台を生産するようになった。プレイエルも 1860 年代まで 1,000 台程度だったが，1910 年には 3,000 台の生産体制となった。1850〜60 年代のドイツのメーカーの生産台数は少なく，比較的規模の大きいブリュートナーでも 70 年代になって 800 台を生産する程度だった。ピアノの製作には木工技術や鋳物技術などによるさまざまな部品が必要で，産業技術の発達とともにイノベーションが重ねられていった。イギリスは産業革命によりピアノ製作の中心地であったが，1850 年代になるとドイツからアメリカに移ったスタインウェイをはじめ，ベルリンのベヒシュタイン，ライプチヒのブリュートナーが現れ，ピアノをさらに完成度の高い楽器に仕上げていった。特にその中で金属フレーム，交差弦，フェルトハンマーなど多岐に渡るアメリカの速い改良スピードに，ヨーロッパのピアノ・メーカーは戸惑い，アメリカのピアノのスタイルに切り替えるメーカーも現れるなど，アメリカのピアノが世界で躍進していくようになった。1870 年代にはイギリス，フランスメーカーが勢力を維持してはいたものの，19 世紀後半になるとアメリカで現代

のピアノの形が完成することになった。1900年からはアメリカの大量生産と世界戦略の時代に入り，ヨーロッパでもドイツでは2,000台以上を生産するメーカーが4社，1,000～2,000台が7社と工場は大規模化し，1910年には10万台を生産するようになった。伝統を継承することにこだわったブロードウッドなどのイギリスのメーカーは，技術革新という面では完全にアメリカに遅れを取り，ヨーロッパではウィーンのベーゼンドルファー，シュトライヒャー，フランスのエラール，プレイエル，エルツといったメーカーがその伝統的製法を継承していった。

　このような推移の中で，ピアノの構造的な変化を見ると，まず低音弦と高音弦を交差させる交差弦が1820年代にフランスのジャン＝アンリ・パープ（Jean-Henri Pape 1787-1875）により考案された。当時のピアノは弦が真っ直ぐに張られており（平行弦），ピアノの長さが弦の長さの限界だった。音を大きくするための工夫の中で考えられたのが交差弦で，低音部の弦をそれより高い音域の弦の上に交差させて収納させることで弦が長く張ることができるようになり，平行弦よりも音量が増すとともに，弦を交差させることで響きが交り合って豊かな響きが出るようになった。交差弦によりフレームには強い張力がかかるようになったため，従来の木製のフレームに代わって，1820年頃にはブロードウッド社が金属フレームを試作，1825年にボストンのオルフェウス・バブコック（Alpheus Babcock 1785-1842）が本格的に開発に臨み，1829年からワンピースの単一鋳造による製造を始めた。バブコックはその後チッカリング（Chickering & Mackays[25]）で働くようになり，1843年に初のグランド・ピアノ用鉄フレームで特許を取得した。従来の音色にこだわったヨーロッパでは，金属フレームは最小限の補強にとどめる傾向があり，交差弦に対しても批判的だった。他方，アメリカでは鉄のフレームに改良を加え，複雑な支柱構造と大小さまざまな穴による音響効果への工夫がスタインウェイ社により進められ，1859年ヘンリー・ジュニア（Henry Steinway Jr. 1830-1865）がアメリカのグランド・ピアノ用の特許を取得した。ピアノが協奏曲によってオーケストラと共演するようになり，いっそう華麗で技巧的な音楽が求められるようになると，ヨーロッパの

メーカーも19世紀後半になってようやく金属フレームを採用するようになった。フェルトのハンマーは，それまで使用されていた皮に代わって1826年にジャン＝アンリ・パープによってピアノに使われるようになった。最近では化学繊維の発達で弾力性に富むアクリル繊維を用いたニードルフェルトも使用されている。また，ソステヌートペダルが1844年にジャン・ルイ・ボワスロ（Jean Louis Boisselot 1782-1847）により発明され，1874年スタインウェイ社によって改良された。

　ピアノの弦は1785〜1815年頃にスクエア・ピアノの低音弦に巻線が採用されるようになった。弦を長くするか太くすることで低い音を出せるが，太さを変えないとピアノの全長は7〜8m必要となり，太い弦にすればフレーム強度が不足することや，振動減衰が早く響きの時間が短いといった問題があった。しかし巻線にして質量を増し低い周波数を出しやすくすることで，適度な寸法の中で低音を出せるようになった。それまで使われていたニュルンベルグ・ワイヤーに代わり，強度のある針金として1819年にブロックドン（Brockedon）がダイヤモンドダイスとルビーダイスを発明し，このダイスを使用した初のワイヤーがブロードウッド社のピアノ弦に用いられた。1830年頃までに英国バーミンガムのウェブスター（Webster）が開発したスティール弦は，30年代にはドイツでも技術改良されていった。1835年にはウィーンのボエーム（Joseph Böhm 1786-ca.1850）が低音弦に巻線によるスティール弦を使用しており，1840年にはウィーンのマルティン・ミラー社（Martin Miller[26]）で更に優れた弦が開発されている。1853年になると英国のウェブスターとホースフォール（Webster & Horsfal[27]）がパテンチング（熱処理法）による高炭素鋼線を製造，1893年にはニュルンベルグのペールマン（Moritz Pölmann 1823-1902）製のピアノ弦がシカゴ博覧会で優勝[28]するなど，技術開発が進められた。真鍮線や鉄線に代わる高強度のスティール弦の発明により，ピアノの音量は大幅に増大した。

(5) 19世紀に出現したピアノ3メーカー

　19世紀半ばはロマン派音楽の全盛期であった。ロマン派の音楽では感情

が重要視され，多様な響きのダイナミックスが求められていた。1853年にスタインウェイ，ベヒシュタイン，ブリュートナーの3メーカーが創業されたことで，ピアノ業界には新たな世界地図ができ上がった。

① アメリカの主要メーカー：スタインウェイ

スタインウェイについては第2章で詳しく述べているので，ここでは簡単に記しておく。スタインウェイ&サンズ社は，ドイツから移住したハインリッヒ・スタインウェイ（Heinrich Engelhard Steinweg, 後に Henry Engelhard Steinway 1797-1871）とその息子たちにより，1853年にニューヨークのマンハッタンに設立された。スタインウェイでは，イギリス式アクションのエラールをモデルとして製作を開始したが，スクエア型のピアノにそれまでの木製プレートに代わって金属プレートを採用し，これにより音量が大幅に増大した。当時のアメリカでは中産階級が台頭して音楽文化が浸透しつつあった。スタインウェイの創業時，アメリカではボストンのチッカリング社が最大のピアノ・メーカーだったが，スタインウェイのスクエア・ピアノがアメリカの中産階級にヒットしたことで，スタインウェイはアメリカのピアノの9割のシェアを獲得するようになった。国内外での博覧会での受賞は宣伝効果も高く，チッカリング社とともに金賞を競いあった。

スタインウェイ親子が独自のグランド・ピアノを作るようになったのは1856年である。スタインウェイ親子は日々改良を続け，大ホールに十分な音量，明瞭な音色，速くて繊細なタッチを実現するグランド・ピアノに仕上げていった。ピアノは従来に比べ力強い音が出せるようにはなっていたが，鋳鉄は薄い金属音になりがちだった。三男のヘンリー・ジュニアは金属フレームを改造し，プレートの形を変え金属性の音を取り除くとともに，1859年には交差弦をグランド・ピアノに初めて使用した。響板の中心にブリッジをもってくることで，豊かで力強い音を実現させている。この当時アメリカでは，ヨーロッパと異なり音楽ホールもまだ少なく，屋外での演奏が多かったために，ピアノには音量が求められていた。またアメリカでの製造という点では，それまでのヨーロッパでの伝統や図面に手を加えることに対する圧

力が少なかったことも手伝って，スタインウェイは遠音を張るピアノへの改良を大胆に推進させていくことができた。ヘンリー・ジュニアは，ハンマーの流れを速く簡単に繰り返せるようにアクションの反応も改良した。1854年と1855年に国内で受賞したのをはじめとして，1862年にロンドンで開催された第2回万国博覧会での受賞など，スタインウェイがアメリカやヨーロッパの展示会で金賞を獲得していくにつれ，スタインウェイの国内での名声は高まり，1867年にパリ万博で最高金賞を取ると世界的名声を獲得するようになった。1860年にはマンハッタン北側に工場を移転し，最新の工業技術を取り入れて，ピアノ製造を手工業から工場生産へと変えていった。スタインウェイは，それまでの職人の勘に頼るピアノ製作から脱却して科学的な開発を進めることで，ヨーロッパのメーカーに代わって世界のトップメーカーとしての地位を確立していった。

　1865年には，一人ドイツに残ってピアノ製作を続けていた長男C.F.テオドール（Christian Frederick Theodore Steinway 1825-1889，以下同様に英語表記とする）が呼び戻され，四男ウィリアム（William Steinway 1835-1896）が会社を取り仕切るようになった。ピアノを弾き，音楽を愛したウィリアムは，1866年にはマンハッタンのスタインウェイ・ショールームの隣に2,000人を収容するスタインウェイ・ホール[29]を建設した。ウィリアムは音楽家との交流も深く，ヨーロッパで活躍していたアルトゥール・ルービンシュタイン（Arthur Rubinstein 1887-1982）をアメリカに招聘した。1872年にはルービンシュタインがスタインウェイのピアノで全国ツアーを開始し，その後も1891年にはイグナチ・ヤン・パデレフスキ（Ignacy Jan Paderewski 1860-1941），1909年にはセルゲイ・ラフマニノフ（Sergei Vasilievich Rachmaninov 1873-1943），1928年ウラジミール・ホロヴィッツ（Vladimir Samoilovich Horowitz 1903-1989）など著名ピアニストに全国ツアーを展開させていった。19世紀後半から20世紀初頭にかけてのクラシック音楽全盛期のピアニストたちはニューヨークのスタインウェイを愛用し，これらのピアニストたちの要望に従って，スタインウェイでは音色やタッチへの改良を進めていった。勢いに乗ったスタイン

ウェイは新たにクィーンズに工場を設立し，従業員たちが住むスタインウェイ村も整備している。

　創業者のハインリッヒとヘンリー・ジュニアの没後は，テオドールが開発・製造の責任者となってピアノの改良を続け，数々の特許を取得した。その後金属フレームや交差弦はヨーロッパのメーカーでも採用され，「スタインウェイ・システム」[30]と呼ばれるようになった。スタインウェイの近代ピアノへの開発の大半は，音響学や物理学者などの協力を得た科学的研究を通じて発明されたもので，これらの改良は政治的・経済的に恵まれていたニューヨークを拠点としていたからこそ実現したともいえる。自由と金を求めて，優れた音楽家たちもニューヨークに集まってきていた。

　次に，スタインウェイではヨーロッパ市場を獲得するためロンドンにスタインウェイ＆サンズを設立し，1878年にはこれをスタインウェイ・ホールとしてニューヨーク工場の製品のショールームに位置付けた。さらに，ヨーロッパの製造拠点として，1880年にはドイツのハンブルグにピアノ製造工場を設立した。ロンドンのスタインウェイ・ホールとヨーロッパ全体の統括を任されたテオドールは一族と緊密に連絡を取りながら，ニューヨークの標準に従って同型の製品ラインアップを製造していった。ハンブルグの工場では1902年まではニューヨークから送られてきた完成部品を組み立てていたが，1907年にドイツで金属部品に関税がかけられるようになると，現地で鉄骨フレームを購入するようになった。さらに1914年にはアクションのパーツもドイツでまかなわれるようになった。このようにして，次第にアメリカとハンブルグのスタインウェイは，独自の製法を採るようになり音色も異なるようになっていった。

　アメリカでは，ピアノ生産についてはそれまでのヨーロッパでの熟練職人による技術の蓄積に代わって，1870年頃から中産階級をターゲットとした量産・量販体制が進んできており，キンボール，ボールドウィン（Baldwin[31]）などのメーカーが低価格で良質なアップライト・ピアノを量産するようになり，一般家庭への普及が進んでいった。アメリカにおけるピアノの製造は1905年に40万台でピークに達し[32]，その後は減少を続けていった。スタイ

ンウェイでは富裕層を対象に高額なグランド・ピアノを販売してきたため，グランド・ピアノの売上は好調だった。新工場，新スタインウェイ・ホールも建設し，家庭用の小型グランド・ピアノの販売を始めるなど積極的な経営で，アップライトの製造にも力を注ぐようになった。しかしピアノ離れは進捗していった。

そして5代目社長ヘンリー・Z.（Henry Ziegler Steinway 1915-2008）を最後に，スタインウェイは一族による経営を離れ，1972年CBSに売却された。CBSからは投資に対する1割の収益が求められ，スタインウェイでは在庫を減らし，乾燥期間も短縮せざるを得なくなったため，利益の多いグランド・ピアノに再び生産・販売を集中させた。その後1985年には投資家グループ[33]がCBSの楽器部門の数社を買取り，スタインウェイ・ミュージカル・プロパティーズ社が設立された。しかしピアノの需要が減退し全米の販売総数が10万台を下回った[34]こともあり，再度投資銀行家[35]に売却され，1995年には管楽器メーカーのセルマー社に経営権が譲られて，セルマー社は社名をスタインウェイ・ミュージカル・インスツルメンツと変更した。スタインウェイ・ミュージカル・インスツルメンツではグループ内ブランドを再編してコーン・セルマーを発足させ，ルブラン・グループを買収するなどで，世界最大規模の総合楽器製造・販売企業グループを形成してきたが，2013年には再度投資グループに売却されている。ピアノ部門であるスタインウェイ＆サンズではCBS下でのボストンピアノでのカワイとの提携，2003年頃から韓国と中国でエセックスブランドのピアノ製造をはじめるなどラインアップを揃えている。

スタインウェイのピアノは1年がかりで製造され，1日の出荷台数はわずか10台である。150年前も年間4,000台の製造で，通算59万台弱のピアノを提供してきた。「近代的な工場が3分の1で，職人の工房が3分の2。会社が機械それ自体の使用をしぶっているわけではなくて，ピアノ作りの技が，機械化に決定的な制限をあたえている。それはまだ基本的に手作業」[36]で，19世紀から20世紀にかけて生産性の向上をもたらした自動化による流れ作業方式を，今もって採用していない。北南米に出荷するアメリカの工場

では従業員600人で年間2,400台，日本も含めそれ以外の地域に出荷するハンブルグ工場では従業員450人で年間1,300台製造している[37]。設立以来，設計図は金庫に入れられ，ピアノ作りのノウハウは現場で教えられてきた。塗装も入れると20工程弱に分かれており，セクションごとにピアノ・マイスターがいる。ピアノ・マイスターはピアノを一人で製作することができる職人である。

世界で活躍するピアニストの99%[38]がスタインウェイを愛用していることからも，その品質の高さは証明されている。スタインウェイでは，世界で1,300名のピアニストやアンサンブルをスタインウェイ・アーティストとして認めている。スタインウェイ・アーティストは，自分のコンサート用に「ピアノバンク」にある300以上（北米）のスタインウェイから好きなピアノを選ぶことができる。これらのピアノは，全米に広がるスタインウェイ代理店のネットワークで，コンサート用に調律され設置される。

② 西ドイツの主要メーカー：ベヒシュタイン

ベルリンのベヒシュタイン（Bechstein）は，1853年にカール・フリードリッヒ・ヴィルヘルム・ベヒシュタイン（Carl Bechstein 1826-1900）によって創業された。14歳でピアノ職人だった義兄ヨハン・グライツ（Johann Gleitz）のもとに送られ，ドレスデンで修業の後，ベルリンのペロー（G.Pereu）工場に入りピアノ職人としての頭角を現した。その後1849年にはロンドンからフランスへと渡り，ヨーロッパのピアノ生産の中心地でピアノ製作について探求した。パリではアルザス出身のクリーゲルシュタイン（Jean George Kriegelstein 1790-1865）の工場に入った。クリーゲルシュタインは起業家としても成功を収めており，カールはそこで実践的な経営の基礎を学ぶことができた。1852年，ペローのマネジング・ディレクターとしてベルリンに戻ったが，その後1年も経ずに起業した。

カールは天賦の音楽的才能を持っていたという。ベヒシュタインのピアノは，ドイツの指揮者（ベルリンフィルの初代指揮者）でピアニストでもあったハンス・フォン・ビューロー（Hans Guido Freiherr von Bülow 1830-

1894) にも認められ，ビューローは「ベヒシュタインピアノはピアニストにとって，ヴァイオリニストのストラディヴァリウスやアマティのようなもの」と述べている。

　当時最も注目されていたピアニストはフランツ・リストだったが，リストの激しい演奏に耐えられるピアノがなく，リストは演奏会で一晩に何台ものピアノを必要としていた。ベルリンでリストのリサイタルを聴き，エラールのピアノが終演後には無残な姿となっているのを目の当たりにしたカールは，ピアニストに求められているタフで技巧的な演奏と繊細なタッチができるようなグランド・ピアノに向けて改良を進めていった。1857 年には，ベヒシュタインのコンサート・グランド・ピアノがリストのコンサートで紹介され，「フランツ・リストの演奏にも耐えられるピアノ」として有名になり，急速に販売量が増えていった。1862 年ロンドンの第 2 回万国博覧会で銀メダルを受賞している。

　1860 年代の終わりには 300 台のピアノを生産するようになっていたが，1870 年から 90 年にかけてイギリスやロシアなどへの輸出量が増大し，80 年にはベルリンに第 2 工場を設立した。1870 年に 400 台だった生産量は，83 年には 1,200 台になった。デメリッツ湖の別荘は，作曲家やピアニストの社交の場として使われた。1885 年ロンドンに支店を開き，その後サンクトペテルブルグにも開店した。1892 年にはベルリンにベヒシュタイン・コンサートホールが設立され，ベヒシュタインはその製造技術で確固たる地位を確立していった。1897 年にはベルリンのクロイツベルクに第 3 工場を設立する。ベヒシュタインは，各国の王室御用達ブランドとなった。

　1900 年カールの死後は 3 人の息子が後継者となり，1901 年ロンドンにベヒシュタイン・ホール[39]，1903 年にパリ支店を開設した。顧客を維持するために得意先には無料でピアノが譲渡された。第一次世界大戦が始まる 1914 年には工員数 1,100 人，年間 5,000 台のピアノを生産した[40]。1923 年に株式会社となるが，輸出は関税の引き上げもあって販売は停滞する。1930 年には化学者ヴァルター・ネルンスト（Walther Herman Nernst 1864-1941）の協力を得て世界初の電気ピアノを誕生させるが，1929 年の世界恐

慌はピアノ産業に大きな打撃を与えており，息子たちの間でカールの相続争いもあって経営は低迷した。ベヒシュタインは教養あるユダヤ人を主な顧客としていたため，ユダヤ人に対する迫害から大量の顧客を失い，第二次世界大戦ではイギリスとアメリカによる爆撃により工場が損壊して生産を一時停止した。

1945年に再開するもナチスドイツに協力したとして連合軍の管理下に置かれ，戦勝国アメリカのスタインウェイが台頭してピアノ業界の主導権を握るようになり，ベヒシュタインは栄光の座から退くことになる。東西の壁に隔てられたベルリンでは，優秀な職人を確保することが難しいこともあって，1954年南ドイツのカールスルーエとエッシェルブロンに新しい製造施設を作るが，生産数は年間1,000台に留まった。1963年にはボールドウィンに買収され，アメリカ企業の傘下となる。1986年にドイツのピアノ・マイスターであるカール・シュルツが経営権を買取り，再び経営権がドイツ人の手に戻った。職人たちは創始者ベヒシュタインの想いを再確認し，ヨーロッパ最高のピアノ製作の再起をかけた。

その後ツィンマーマン（Zimmermann 1884年ライプツィッヒ創業）やホフマン（W. Hoffmann 1904年ベルリン創業）などの伝統ブランドを買い取ってベヒシュタイングループとし，設備投資を強化した。グローバル競争に打ち勝つために1997年には株式を一般公開し，創業150年にあたる2003年には，高音域での音量が大きくなるようハンマーヘッドを大きくするなど，それまでのベヒシュタインのイメージを一新するほど大がかりな設計変更をおこなった[41]。

ベヒシュタインはリストにはじまり，作曲家ドビュッシーにも愛されたことが知られている。透明感のある音色は巨匠から絶大な信頼を受け，ルトスラフスキー，チェリビダッケ，ペンデルツキ，バーンスタイン，チックコリアと幅広いジャンルの音楽家に愛用されてきた。「ペダルを踏んでも濁りにくく，ふわりとした空気感の中にも芯をはっきりと持った響きを生み出す」[42]と評される。日本楽器（ヤマハ）の創業期に監督技師エール・シュレーゲルを招聘し，河合小市・岩崎幡岩らがピアノの製造技術を学ばせたことで，日

本のピアノ製造にも大きな影響を与えてきたメーカーである。

③　ドイツの主要メーカー：ブリュートナー

ブリュートナー（Blüthner）は1853年ライプチッヒのユリウス・フェルディナンド・ブリュートナー（Julius Blüthner 1824-1910）によって創業された。ライプチッヒはバッハの生誕地でもあり，古くから音楽文化が栄えていた町で，ピアノ製作に関しても伝統がありブライトコプフ＆ヘルテル社（Breitkopf & Härtel[43]）など著名なメーカーが存在していた。

ユリウス・ブリュートナーは，ツァイツ（Zeitz）のホーリング＆スパンゲンブルグ（Hölling & Spangenburg）などで修業した後独立開業したが，彼のピアノはすぐに音楽愛好家の中で評判になっていった。友人のリストやワーグナーの助言を取りこみながら自己流で改良を進めていった。ユリウスは鋭い聴覚の持ち主で，整音に関しては右に出る者がいない程優れた感性を持っていた。ユリウスは80歳になるまで，生産される全ての楽器に自ら整音を施した。1872年にはブリュートナーのピアノの豊潤な音の源泉となる「アリコートシステム」で特許を取得した。ブリュートナーのピアノには，高音部には4本（通常は3本）の弦が張られており，4本目の弦はハンマーで叩かれず，隣の弦の振動の共鳴によって音を出させている。

ブリュートナーのピアノはメンデルスゾーンが指導していたライプチッヒの音楽院に納入されたことで，急速に名声が世界中に広まっていった。この音楽院は当時最も有名な音楽学校であって，モシェレス，プレイディ，ベンツェル，ラインネックなどの名教授の指導を受けに世界から若いピアニストが集まり，世界に散らばっていった。工房は急成長し，新しい機械の導入や蒸気を使った機械の導入などの記事が新聞を賑わせた。当時はピアノのマーケティングにとって，見本市や展示会に楽器を出品し賞を獲得することと王室御用達になることが重要であった。ライプチヒ近郊のメルゼブルグ（Merseburg）での展示会に出品した後は，外国の展示会にも出品するようになり，最高金賞を獲得していった。またブリュートナーはドイツ皇帝，ヴィクトリア女王，ロシア皇帝，デンマーク王，トルコのスルタン，ザクセ

ン王などヨーロッパ諸国の王室に楽器を収めることでブランド・イメージを高めていった。

　当時ヨーロッパでは関税などの障壁もあって国内市場に集中していたが，ブリュートナーは早くから海外に輸出するために代理店ネットワークを整備していった。1876年イギリスに設立された代理店などその多くは現在も残っている。息子ブルノ（Bruno）はアメリカのチッカリング社で働き，近代的な製造技術の情報を集めていった。ロベルト（Robert）は法律を勉強し，ハンス（Hans）は父とライプチヒの工場で働いた。1938年には飛行船に乗せる軽量のグランド・ピアノを製作して話題となった。1932年義息子のルドルフ（Rudolf）が会社に加わったが，43年第二次世界大戦で工場が焼失し，1948年まで生産することができなかった。その後も社会主義体制下の東ドイツでは設備投資やマーケティングが十分にできず，世界競争に遅れることになる。1972年ついに国営化されるが，イギリスでの修業の後1958年にピアノ製作者になった息子のイングベルト（Ingbert）が残り，1990年東西ドイツの統一を契機に会社は一族のもとに戻った。手工芸によるブリュートナーのピアノは，ショスタコーヴィッチ，ラフマニノフ，ルービンシュタインなど歴代のピアニストからも高い評価を受けている。

5. まとめ

　このようにピアノはチェンバロやクラヴィコードから発展する形で改良が進められ，現在のピアノの形状は19世紀後半に完成形となった。初期のピアノは木製フレームのために弦の張りが弱く，響板の反応も弱かったため，チェンバロのように軽いタッチで弾かれていたが，次第に鍵盤の重いイギリス式アクションが浸透してくると，ピアノはチェンバロの改良形を超え，新しい楽器として進化していくようになった。新しく足で踏むペダル，スティール弦，鉄骨フレームの採用，ダブルエスケープメントアクション，交差弦，フェルトハンマーなどが，工業技術の進展とともに開発されていった。

5. まとめ

　ピアノの発達は常に楽器を演奏する音楽家とともにあった。ウィーン式アクションは，鍵盤と連結したハンマーを押し下げることによって跳ね上げて弦を打つのに対し，イギリス式は鍵盤と連結していないハンマーを押し下げることによって下から突き上げて弦を打つ機構である。このアクションの違いから，ウィーン式が軽快で明るい音色を出すのに対し，イギリス式はタッチが重く，重厚な和音を奏でるのに適している。より繊細なシュタイン，ヴァルターなどのウィーンのピアノのアクションは，スムーズで叙情的な演奏に向いていた。バロック時代には製作者自身が楽器を音楽家に届けていたため，じかにフィードバックが取りやすかった。このことはピアノの急速な発達につながっていった。音楽家はピアノという楽器自体の面白さに刺激を受け，より技巧的な表現力のある曲を作曲し，メーカーはその要望に合うように楽器を改良していった。同時に演奏者にも，チェンバロの即興音楽を主流とした軽いタッチに代わって，美しい音，複雑なパッセージ，ペダル技法，重厚な和音などといった演奏技術が必要とされるようになった。ピアノが誕生した頃に活躍していたバッハ，モーツァルトに始まり，ベートーベンが大きく影響を与え，リストやショパンといった音楽家たちがピアノを完成形に導いたと言える。

　ピアノ誕生からの現在に至る歴史を振り返ると，ピアノの技術革新は，音楽を愛しピアノの開発に熱中した職人たちの発明によって進められてきたことがわかる。1819年のダイヤモンドダイスを使用した高抗張力弦の製作技術，1821年のエラールによるダブルエスケープメントアクション，1825年バブコックのワンピースの鋳造フレームなどの開発は，ピアノの性能を格段に進化させ工業化に進む要因となったが，これらの過程で伝統を重んじるメーカーは衰退していくことになった。これらの開発技術を核に1880年頃には近代ピアノが確立する。産業革命による工業技術の進展はピアノの発達に不可欠だったが，もともとは小さなピアノ工房の技術者たちが，常に優れた音楽家との関わりを持ち，他のピアノ産地の情報収集をしてきたことがピアノ製造技術のイノベーションにつながった。大陸をまたいで活躍する音楽家はメーカー同士のコミュニケーションに大きな役割を果たしてきた。

1840 年代のヨーロッパや 1890 年代のアメリカのようなピアノ導入期にはスクエア型のピアノが好まれたが，一般市民向けのアップライト・ピアノやコンサートのためのグランド・ピアノがこれに代わっていった。現在のピアノは既に完成形となって久しいが，家庭向けには，工業技術の発達による量産化がもたらした廉価なピアノの普及が進んできた。一方で音楽家に使用されるコンサート用のグランド・ピアノはスタインウェイやヤマハばかりではなく，伝統的な手作りのヨーロッパのメーカーが，個性的で美しい音色を奏でるピアノを生産し続けている。それぞれのメーカーのもたらすタッチや音色は，音楽家のインスピレーションとも深いつながりを持ってきた。

　クラシック音楽の社会的な位置づけも，時代とともに変化している。生活が豊かになった今では，ピアノがブルジョワジーの象徴という意識は薄らいでおり，家庭におけるピアノの普及も先進国では衰退の一途をたどっている。しかしピアノの豊かな音色とピアニストの優雅な姿は，変わらず人々のあこがれでもある[44]。巨匠と呼ばれるような優れた音楽家が誕生することで，楽器は絶えず進化していく。歴史的に見ても，音楽家は楽器のブランド形成にとって広報の重要な役割を果たすと同時に，開発にも重要な役割を果たしてきた。さらに楽器自体も，演奏家が楽器と対話することで響きに倍音を増し，楽器自身のよさが引き出され，いっそう美しく大きな音を出す楽器へと成長していく。この意味では，メカニックの部分が多いピアノも，ヴァイオリンのようなシンプルな楽器も同様に，演奏者の手によりその価値が決まっていくと言える。楽器はあくまでも道具であって，使い手によってその価値が変化するものである。

　第 2 章では，世界を代表するピアノ・メーカーとなったアメリカのスタインウェイ＆サンズ社の歴史的推移をさらに深く掘り下げるとともに，第 3 章と第 4 章ではヤマハの総合楽器メーカーとしての戦略について考察し，楽器のブランド形成についての解明につなげていきたい。

参考資料 1-1：欧米の主要ピアノ・メーカー

国名	メーカー
ドイツ	ADOLPHGEYER, AUGUST FÖRSTER, BALDUR, BARTHOL, BECHSTEIN, BLÜTHNER, CARLBEKE, DUYSEN, FEURICH, FIEDLER, FORSTER, FRANKE, GERHARDADAM, GROTORIAN (STEINWEG), HAESSLER, HANSEN, HILGER, HOEPFER, HOFFMANN&KUHNE, HOMEYER, IBACH, IRMLER, KAPS, KLINGMANN, KNABE, KNOCHEL, KHOHL, KONETZNY, KRAUSS, KREUTZBACH, KRIEBEL, FRITZKUHLA, LEUTKE, MAXADAM, MAYYER, NEUMANN, NEWMEYER, NIENDRF, OTTO (CAROL), PRUSSNER, RACHALS, RIESE HALLMANN, RITMULLER, RONISCH, ROSENKRANZ, SAUTER, SCHIEDMAYER, SCHIDMAYER&SOHNE, SCHIMMEL, SCHMIDT(CART), SCHROTHER, SCHWECHTEN, SEILER, SPAETHE, STECK, STEINBERG, STEINGRAEBER&SHONE, STEINMAYER, STEINWAY&SONS, V.BERDUX, WINKELMANN, ZIMMERMANN
オーストリア	BÖSENDORFER, BRODMANN, EHRBER
フランス	ERARD, GAVEAU, GEISSLER, PLEYEL
チェコ	HOFFMANN, PETROF, ROSLER, WEINBACH
イギリス	BRINSMEAD, CHAPPELL, COLLARD&COLLARD, JOHN BROADWOOD & SONS, KIRKMAN, MOORE&MOORE
イタリア	FAZIOLI
フィンランド	HELLAS
スウェーデン	NYLUND&SON
アメリカ	AUTO, APOLLO, BALDWIN, CHICKERING, ESTEY, HAMILTON, KIMBALL, LESTER, MASON&HAMLIN, MIESSNER, MONARCH, STEINWAY&SONS, STORY&CLARK, WINTER, WINKELMANN

注

1　スタインウェイ＆サン社　ホームページ　http://www.steinway.co.jp　（2010.4.30 参照。）
2　西原（1995），50 頁。
3　2010 年 3 月 10 日　産経新聞　約 50 万台の販売台数は 2009 年の時点。
4　中国楽器年鑑（2007 実績）によれば，中国製アップライト・ピアノの販売台数上位 10 カ国はアメリカ（1,297 万ドル），ドイツ（837 万ドル），韓国（808 万ドル），日本（496 万ドル），香港（410 万ドル），カナダ（287 万ドル），オランダ（284 万ドル），フランス（279 万ドル），イギリス（209 万ドル），イタリア（203 万ドル）である。
　　http://www.piano-shop.biz/chinesepiano.html（2010.4.30 参照。）
5　http://www.suzuki-metal.co.jp/story/music/index.html（2010.4.30 参照。）
6　中音部から高音部にかけて 189 本が裸線で，低音部の 0.2～1.9mm のシングルの巻線が 32 本，

さらに低音部にはダブルの巻線が用いられる。
7　ハンマーアクションを持ったグランド型ピアノ。Flügel というのは翼の意味でチェンバロやグランド型ピアノの形状を指す。長方形のピアノは Tablepiano, Squarepiano, 長方形のチェンバロは Virginal と呼ばれる。
8　現代のピアノと区別した初期のピアノを指す。（スラヴ圏では現代のピアノを指す。）18 世紀後半ドイツで使われたが 19 世紀になるとピアノフォルテ，ハンマークラヴィーアが使われるようになった。ウィーンでは 19 世紀半ばまで使われた。
9　ピアノの弦の振動を止める仕組み。
10　前間・岩野（2001）p.65 では 1968 年と記載されている。1700 年という説もあるが，これは「アルキチェンバロ（Archicembalo）」と呼ばれる弱音と強音を出せるハンマーを持った楽器。いずれにしても 1700 年前後であることは間違いないと言われている。
11　ピアノ（弱音）とフォルテ（強音）を伴う大型のチェンバロ。
12　http://maelzels-magazin.de/2001/1_03_spaeth.html（2010.4.30 参照。）
13　スタインウェイ、ベヒシュタインと並び御三家と呼ばれる。スタインウェイはピアノの鉄骨を，ベーゼンドルファーは箱を，ベヒシュタインは響板を鳴らすと言われる。
14　http://www.yamano-music.co.jp/docs/hard/ginza6f/gp.jsp（2010.4.30 参照。）
15　1857 年シカゴで創業。ピアノ市場の衰退から 1996 年にピアノ生産は中止し，現在はエレクトロニクスと家具の企業となっている。
16　1718 年に 16 歳でスイスからロンドンに来て，Hermann Tabel のチェンバロ工房に弟子入りした。Tabel は 17 世紀の著名チェンバロ製作者アントワープの Ruckers で学んだ製作者であった。
17　ハンマーヘッドが取りつけられている腕の部分。
18　Lieberman（1995）邦訳版，33 頁。
19　オーストリア生まれパリで活躍したピアニスト・作曲家で，エラール，プレイエルとも比較される優れた楽器を製作し，1855 年のパリ万国博覧会では一等賞を獲得した。
20　エラールはハープの製作にも力を入れていた。
21　スメソニアン美術館　パトリック・ラッカー　ピアノ，その 300 年の歴史。
22　2010 年 3 月 2 日　BS 1 放送「仲道郁代　ショパンのミステリー特別編」。
23　音楽現代　「楽器の発達と作曲家・作品の相関関係」101 頁。
24　西原，前掲書，46 頁。
25　チッカリング社は Chikering & Company から Chikering & Mackays, Chickering & Sons と名称を変更してきた。
26　1782 年に Martin Miller により時計バネ製造企業として創業され，1840 年のピアノ弦の開発で世界に名を広めた。
27　1708 年にバーミンガムで John Webster が創業し，1855 年に James Horsfall の会社を買収して Webster & Horsfall となった。創業 300 年以上のワイヤーのリーディングカンパニーである。
28　強度的には現代のピアノ線と遜色ないものであった。（鈴木金属工業「二つの革命とピアノの発達」。）
29　ニューヨークの音楽文化の中心となって 1891 年にカーネギーホールが設立されるまでニューヨークフィルの本拠地でもあった。
30　ヘンリー・ジュニアを中心に開発された響板や鍵盤などを含め全体をまとめてスタインウェイ・システムと呼ばれたが，まもなく米国システムと呼ばれるようになる。100 以上の特許によるシステムである。
31　1862 年にオハイオ州シンシナティに創業しアメリカ中西部の代表的なピアノ・メーカーとな

る。その後ギター Gibson の子会社となったが，2008 年に国内のピアノ生産は中止した。
32　Barron (2006) 邦訳版，199 頁。
33　ボストンの弁護士ジョン・P. バーミンガムと弟ロバート（1960 年代にテキサコに買収される前のニュー・イングランド最大の石油販売会社　ホワイト・フエル社のオーナー）が率いる。
34　94,044 台（1995 年実績）。
35　カイル・カークランド（Kyle R. Kirkland）とダナ・メッシーナ（Dana D. Messina）。
36　Barron (2006) 邦訳版，214-5 頁。
37　スタインウェイ&サン社インタビューによる。
38　2009 年実績。
39　第二次世界大戦中イギリス政府に没収され競売にかけられ，ウィグモア・ホールとなる。
40　前間・岩野，前掲書，124 頁。
41　98 年にはザクセンにあった姉妹工場を合併してハイテクと手作業を結びつけた製造方法を取り，99 年にはベルリンにベヒシュタイン・センターを開設した。2003 年韓国のサミックと資本提携をおこない，ソウルにベヒシュタイン・センターを開設，アジア，アメリカ，ヨーロッパ各国にもセンターを開設して世界市場の需要開拓に臨んでいる。2005 年には，中国の上海にベルリン・ベヒシュタイン・ピアノ（上海）会社を設立，上海の工場では低価格帯のピアノを製造することになった。2007 年にはチェコのボヘミアピアノの株式取得，キエフやニューヨークにベヒシュタイン・センターを置くなど積極的な海外戦略をおこなっている。
42　http://www.yamano-music.co.jp/docs/hard/ginza6f/gp.jsp（2010.4.30 参照）。
43　現在は楽譜出版で知られている。
44　スタインウェイの顧客の半数以上は音楽家ではない富裕層だという。

第 1 章の主な参考文献

Barron, J. (2006), *Piano : The Making of a Steinway Concert Grand*, Times Books.（忠平美幸訳（2009）『スタインウェイができるまで』青土社。）
Connick, Jr. H., Aimard, P-L, Grimaud H., Jones, H., Lang Lang. (Actors) Niles, B. (Director) (2009), *Note By Note: The Making of Steinway L1037* (2007), DVD, DOCURAMA.
林田甫・竹村晃 (1997)「ピアノの歴史」『日本器械学会誌』1997.4　Vol. 100, No.941, 87-89 頁。
Lieberman, R.K. (1995), *Steinway & Sons*, New Heaven: Yale University Press.（鈴木依子訳 (1998)『スタインウェイ物語』法政大学出版局。）
磯崎善政 (1997)「楽器とトライボロジー (3)　楽器研究への誘い (2)　ピアノの歴史，音楽，技術」『トライボロジスト』第 42 巻　第 8 号，53-58 頁（659-664 頁）。
前間孝則・岩野裕一 (2001)『日本のピアノ 100 年　ピアノづくりに賭けた人々』草思社。
松本影 (2002)「鍵盤楽器の文化史：チェンバロとクラヴィコードを中心に」『バイオメカニズム』(16), 1-10 頁。
西原稔 (1995)『ピアノの誕生』講談社。
音楽現代 (2004)「特集　ダイジェスト音楽史－楽器・ホール・録音 etc.」2004.8 34(8)（400），81-113 頁。
Smithsonian Production & EuroArts Music International (2007), *300 Years of People and Pianos*, DVD.（山崎浩太郎解説「ピアノ，その 300 年の歴史」。）

参考サイト（2010 年 9 月 1 日参照）

Steinway & Sons　http://www.steinway.com/

BECHSTEIN　http://www.bechstein.de/
SAUTER　http://www.pianos.de/sauter/
Bluthner　http://www.bluthnerpiano.com/
SEILER　http://www.seiler-pianos.de/
SCHIMMEL　http://www.schimmel-piano.de/
WILH.STEINBERG　http://www.wilh-steinberg.com/
Boesendorfer　http://www.boesendorfer.com/
PLEYEL　http://www.pleyel.fr/
PETROF　http://www.petrof.com/

第 2 章
スタインウェイの技術経営とブランドマネジメント

1. はじめに

　アメリカでは，19世紀後半から20世紀にかけて技術革新が進み，芸術・製造・科学などさまざまな分野で目覚ましい発達が見られ，その技術革新の波とともに急速に成長した企業がアメリカ経済の象徴となっていった。1853年に会社設立し，設立後10年間でピアノ製造のリーディングカンパニーとなったスタインウェイ＆サンズ社（Steinway & Sons，以下スタインウェイと略す）も，その一つである。

　第一章で述べたように，1700年頃にイタリアで誕生したピアノは，その後ドイツで本格的に製作されるようになり，産業革命期のイギリスを中心に発達していった。スタインウェイ一家がアメリカに移住した1850年頃には，ブロードウッドをはじめとしたイギリスのメーカーが高い技術力を誇り，ピアノ製造業界に君臨していた。アメリカで創業したスタインウェイは，ヨーロッパで生まれたピアノの音色と音量に改良を続け，ピアノ製作の伝統的な製法と職人技に工学や音響学などを応用することで，技術革新を進めていった。これまでに，ピアノの設計や部品に関する発明・改良でスタインウェイが取得した特許数は127[1]におよぶ。最高品質の木材と，自社生産によって丁寧に作りこまれた部品[2]を使用し，同社は徹底した品質管理で音色・音量・デザインともに最高峰の楽器を製造する一方で，優れたマーケティング手法により，スタインウェイを世界一のブランドとして普及させてきた。

　本章では，ピアノをめぐる経営環境の中でスタインウェイの歴史を振り返りながら，ニューヨークとハンブルグに工場を持つスタインウェイが，どの

ように近代ピアノ製造の規範となる技術を構築し，高価格帯のピアノを普及させてきたかを考察する。スタインウェイの歴史についてはこれまでにも多くの研究がされているが，とりわけ Lieberman（1995）のスタインウェイ家の 150 年に渡る変遷，Barron（2006）のスタインウェイの製造工程についての記述が，スタインウェイの企業としての推移を詳細に記している。本稿はこれらの公開資料に加え，スタインウェイ&サンズ日本支社，ハンブルグ工場，ニューヨーク工場にて実施したヒアリング調査のデータをもとにしている。

2. スタインウェイの誕生期

(1) スタインウェイ以前

アメリカにはじめてピアノが見られるようになったのは 1770 年代初期のことである。これらはピアノ先進国であったイギリスから渡ってきたものだったが，1775 年頃にはドイツからの移民ジョン・バーレント（John Behrent）により，初のアメリカ製ピアノが作られている。さらにアメリカのピアノ製作の進化に大きな影響を与えたのはアルフェス・バブコック（Alpheus Babcock 1785-1842）で，1825 年にスクエア・ピアノ用の単一鋳造フレームを考案し特許を取得している。この単一鋳造の鋳鉄フレームを考案したことで，ピアノの弦からかかる強い張力への耐久性が確保されたことが，その後の音量を伴った近代ピアノの開発につながっていった。

スタインウェイ一家がドイツからアメリカに移住してきたのは 1850 年である。スタインウェイがニューヨークでピアノ製造を開始した頃，アメリカではピアノの普及が進んでいた。アメリカでのピアノの普及に大きく貢献したのはボストンのチッカリング社で，この頃既にチッカリングの名は全米に知れ渡っていた。チッカリングを設立したジョナス・チッカリング（Jonas Chickering 1798-1853）は，家具やピアノ・メーカー[3]で修業した後，1823 年同僚とともにボストンでピアノ製造を始めた。1843 年には鋳鉄一体フレームを採用したグランド・ピアノで特許を取得するなど，改良を続けた

チッカリングのピアノは評判を呼び，全米での需要が拡大したことから，1853年に最新設備を誇る新工場を設立して生産規模を拡大していた。1851年に開催された第一回のロンドン万国博覧会にはイギリス38社，フランス21社，ドイツ18社，アメリカ6社，オーストリア5社などからピアノが出品され，エラールのアクションがピアノでは唯一カウンシル賞を獲得した他，いくつかのピアノ・メーカーが受賞したが，その中にはロンドンのアディソン（Addison）やライプチヒのブライトコップ（Breitkopf & Härtel）に加え，ボストンのチッカリングも含まれていた[4]。ヨーロッパがピアノ製造の主流だと考えられる中で，アメリカのチッカリングの金属フレームのピアノは注目を集めていた[5]。

(2) スタインウェイ＆サンズ社の誕生まで

スタインウェイの歴史は，ハインリッヒ・エルゲハルト・シュタインヴェーグ（Heinrich Engelhard Steinweg，後に Henry Engelhard Steinway 1797-1871）が自宅でピアノ製造をはじめたドイツに遡る。ハインリッヒはドイツの北西部ウォルフシャーゲンに生まれ，祖父は炭焼き職人，父親は林務官と「木」になじみのある家系であった。ナポレオン戦争で幼くして孤児となり，その後入隊してワーテルローの戦いにも参加したが，21歳で家具職人を目指すようになって木工の見習いをはじめた。その後ギルドに縛られないオルガン作りという職業に興味を持つようになり，見習いをはじめてオルガンも習い，教会のオルガニストとなった。1825年には資産家の娘ユリアン・シーマー（Juliane Tiemer）と結婚してゼーセンで暮らすようになった。結婚式には自作スクエアフォルテピアノを披露した[6]。

オルガンの仕事をはじめたハインリッヒは，1829年には自宅を購入し，1835年には自宅の台所で本格的にピアノの製作を始めた。ハインリッヒが作った初期のピアノは全てオリジナル部品で組み立てられ，1836年にはスタインウェイ製造番号1番となる高品質なピアノを完成させた。1839年に開催されたブラウンシュヴァイク公国の商品見本市には，グランド・ピアノとスクエア・ピアノを出品し，1位を獲得した。この見本市では当時14歳

だった長男テオドールがピアノを演奏し，スタインウェイのピアノの素晴らしさを実証したことが受賞につながったという。出品したピアノの1台をブラウンシュヴァイク公が3,000マルク[7]で購入したことで，ハインリッヒは一躍有名になった。スタインウェイは，ゼーセンでは計482台[8]のピアノを製作して周辺の地方に出荷しており，ハインリッヒは腕のよいピアノ・メーカーとしてドイツで十分に成功していたと言える。

　しかし，ハインリッヒは規制の多いドイツの封建社会ではピアノ事業の将来性を見いだすことが困難だと感じていた。そこで次男のカール（Charles 1829-1865）をスイス，パリ，ロンドンからアメリカへとピアノ・ビジネスの視察に向かわせ，1849年にカールはニューヨークに到着した。1820年頃に大型船が出現したこともあって，ヨーロッパから祖国を離れアメリカに向かう移民が増加し，ニューヨークはそれらの移民の入国拠点となっていた。1840年から60年にかけて300万人以上の移民がニューヨークに渡ったが[9]，このうち7割以上がアイルランドとドイツからの移民だった。1845年に農作物の病気が流行したことで，特にアイルランドやドイツでじゃがいもの収穫が大きな打撃を受けたことが，大量移民の契機ともなった。さらに農業の落ち込みに加え，不安定な政治や経済不況で多くのドイツ人が，アメリカに新天地を求めていった。これらの移民のうち約50万人がニューヨークに残り，その他は農地を求めてアメリカ各地に散って行った。1880年までには，ニューヨークの人口約120万人[10]のうちドイツ系アメリカ人が少なくても人口の4分の1を占めるようになっていた。ドイツからの移民がクラシック音楽をアメリカに持ち込んだことで，アメリカ全土にはオーケストラやコーラスが創設され，音楽文化が作られていった。

　ニューヨークはアメリカの文化と製造業の中心地であり，人々と活気で溢れていた。音楽活動やピアノ製造会社もニューヨークに集まっていた。ニューヨークでのピアノ・ビジネスの成功を確信したカールは，手紙で家族を呼び寄せ，1850年にスタインウェイ一家9人[11]は船で5カ月かけてニューヨークに渡った。長男テオドールは既婚で徴兵される心配もなかったため，ニューヨークに渡らずドイツに留まることになり，ゼーセンからは

引っ越して，ホルズミンデンでヴァイオリンの修理やピアノの調律をしていた。その後1860年代には，テオドールはブラウンシュヴァイクで鋳鉄のプレートを使ったアップライトの製造で，当時市場の大半を占めていたスクエア・ピアノをしのぐ澄んだ音を出すピアノを作るようになった。

一方で，ニューヨークに着いたスタインウェイ一家は，父親ハインリッヒと息子たちがそれぞれにピアノ関連の仕事に就きながら，新天地ニューヨークでの生活を始めていった。カールは「ニューヨークとボストンにそれぞれ200のピアノ製造工場がある」とドイツに残った長男のテオドールに宛てた手紙[12]に記しているが，実際当時のアメリカには204軒のピアノ店[13]があり，特にニューヨークやボストンに集中していた。父親のハインリッヒはドイツ製ロイヒトの響板づくり，三男のハインリッヒ・ジュニアは英国人のジェームズ・ピアソン (James W. Pirsson 1833-1888) のもとで，次男のカールと四男のヴィルヘルムは英国のウィリアム・ナンズ社 (William Nunns Company) で働き[14]ながら，ニューヨークのピアノ製造について技術と情報，アイデアを掴んでいった。その中には単一鋳造や交差弦も含まれており，後にこれに独自の方法を加えピアノを開発することにつながった。一家は，こうして独立開業のための資金を貯蓄していった。

(3) スタインウェイ&サンズ社の設立

このように周到な準備をした後，1853年には，父親ハインリッヒ・エンゲルハルトと息子のハインリッヒ・ジュニアおよびカールが，ニューヨークのマンハッタンのVarick Streetにあるロフトでスタインウェイ&サンズ社を設立した。一家は商売のために名字を英語風にスタインウェイ[15]と変え，父親ハインリッヒ (Heinrich) はヘンリー (Henry)，次男カール (Karl) はチャールズ (Charles)，三男ハインリッヒ・ジュニア (Heinrich Jr.) はヘンリー・ジュニア (Henry Jr.)，四男ヴィルヘルム (Wilhelm) はウィリアム (William)，末男アルブレヒト (Albrecht) はアルバート (Albert Steinway 1840-1877) とした。父親のヘンリーは設計長となり，ウィリアムが響板の接着，チャールズがアクションと調律，ヘンリー・ジュ

ニアがアクションの仕上げと研磨を受け持った。ヘンリーは息子たちに厳格にピアノ作りの哲学を教えていった。息子たちは職人としての優れた技術と才能，音楽的素養を備え，技術革新に対して強い意欲を持っていた。スタインウェイでは，父親と4人の息子たちで1週間に1台のペースでピアノを製作していった。妻や娘たちも責任ある仕事に携わり，一家総出に加えて1854年には5人の助手を雇うようになり，毎週2台のピアノを作りながら，不況下でも支払いを怠らずに信用を高めていった。その後，従業員を8〜9人置いて製造を始めたスタインウェイは，販売促進にも力を入れて年間100万ドルと売上を伸ばし，1日5台の生産へと伸長させていった。アメリカでは消費欲の強い中流階級が台頭し音楽文化が浸透していったことから，家庭には客間の必需品としてピアノが置かれ，中産階級の女性は上品なイメージからこぞってピアノを習うようになっていた。スタインウェイの創業時，アメリカ最大のピアノ・メーカーは，前述したボストンのチッカリングで，5階建ての最新設備の工場では500人の工員が働き，年間2,000台のピアノを製造するようになっていた。さらにヨーロッパでは，スタインウェイ創業と同年にベルリンでベヒシュタイン（C. Bechstein），ライプチッヒでブリュートナー（Blüthner）が創業しており，まさに欧米ではピアノ隆盛期に突入していた。

　スタインウェイでは技術向上と販路拡大を目指して，まず認知度を高める必要があった。当時万国博覧会の先駆けである大博覧会で受賞することは宣伝効果も高かった。1854年にワシントンDCのメトロポリタン職工協会展に出品したセミグランドは「優秀作品賞」を受賞した[16]。これを布石として，1855年，ニューヨークのクリスタルパレスの世界博覧会には「素晴らしい音の力，低音部の深みと豊かな音，中音部の柔らかさ，そして高音部の輝かしいまでの純粋さ」[17]と表現されるスクエア・ピアノを出品し，満場一致で悲願の金賞を獲得した。このようにスタインウェイは創業して瞬く間に頭角を現し，当時全米で最大手のチッカリング社と金賞を競いあうようになっていった。

　これらのピアノは息子ヘンリー・ジュニアの設計によるものだった。1855

年にはヘンリー・ジュニアは，一体型鉄骨，グランド・ピアノの交差弦方式，ダブルエスケートメントアクションの改良を進めていった。スタインウェイでは，「イギリス・アクション」を持つフランスのエラールをモデルとして製作を開始したが，スクエア・ピアノにそれまでの木製プレートに代わって金属プレートを採用し，これによって音量が大幅に増大した。これは，アメリカの1850年以降の鋳物技術の発達の恩恵でもあった。木製のプレートや数個の金属でできたプレートは，弦の強度に長時間耐えることができなかった。1825年にバブコックが開発したスクエア・ピアノ用の一体鋳造の金属プレートで力強い音が出せるようになってはいたが，鋳鉄は薄い金属音になりがちだった。ヘンリー・ジュニアは金属フレームを改造し，プレートの形を変えて金属性の音を取り除くとともに，1828年に既にアンリ・パパによってアップライトで試されていた交差弦を，1859年に初めてグランド・ピアノにも適用させた。またハンマーの流れを速く簡単に繰り返せるように，アクションの反応も改良していった。当時，アメリカではヨーロッパと違ってまだ音楽ホールも少なく屋外での演奏が多かったことや，ヨーロッパから遠く離れていたために，ヨーロッパでの伝統や図面に手を加えて革新していくことに気兼ねがいらなかったことが，遠音の張る楽器を作らせる要因ともなったという。

　置き場所を取らないスクエア・ピアノはアメリカの中産階級にヒットし，スタインウェイはアメリカのピアノ市場シェアの9割を獲得するようになった。1854年にはピアノ販売台数はわずか74台だったが，1856年には208台となり，売上は約3倍に膨らんだ。この頃の状況をみると，南北戦争(1861-1865)までにアメリカで製造されたピアノの97%がスクエア・ピアノだった[18]。もっとも「スクエア・ピアノは室内楽に好まれて使われたが，コンサートのためにより頑強なピアノが必要とされるようになった」[19]背景もあって，スタインウェイではグランド・ピアノを主力製品と考えていた。スタインウェイ親子が独自のグランド・ピアノを作ったのは1856年だったが，同年にイギリスで開催されたクリスタルパレス博覧会ではチッカリングに負け，銀メダルしか受賞できなかった。そこでスタインウェイではグランド・

ピアノの変更と改良を続け，大ホールに十分な音量，明瞭な音色，速くて繊細なタッチを実現するグランド・ピアノに仕上げるよう開発を進めていった。

3. ピアノ隆盛期

(1) 量産体制とマーケティング

　スタインウェイは1860年にはマンハッタンの北側に工場を移転し，手工業から工場生産体制へと転換を図っていった。このような大規模な蒸気の力を利用した木工工場の設立は，ボストンのチッカリング社に次ぎ，ニューヨークでは初めてだった。スタインウェイの新工場には350人[20]の工員を雇い，新しい技術を導入することで1週間にスクエア・ピアノ30台とグランド・ピアノ5台が製造できるようになった。ちなみに，ニューヨークのスタインウェイではグランド・ピアノを主要製品と位置づけており，1862年になって初めてアップライト・ピアノを生産するようになった。1863年には工員は400人に増え，1,623台のピアノを製造している[21]。もっとも生産高は増加したものの，経験不足の労働者を大量に雇用したため，生産性は必ずしも高まらなかった。1865年に34歳のヘンリー・ジュニアと36歳のチャールズが相次いで亡くなったことから，ブラウンシュヴァイクでピアノ製造会社[22]を続けていた長男のテオドールがドイツから呼び戻された。テオドールは兄弟の中でも最も優れた技術者と言われているが，ゼーセンのヤコブソンカレッジで音響学を学んだ経験もあり[23]，親交のあった物理学者ヘルマン・フォン・ヘルムホルツ (Hermann Ludwig Ferdinand von Helmholts 1821-1894) の音響理論を基礎にピアノの音色を科学的に分析していった。

　さらに，それまで実際のピアノ製作には携わらずに事業拡大に尽力していた30歳のウィリアムが，共同経営者として会社を取り仕切るようになり，その後31年間に渡り采配をふるってスタインウェイの名を広めていった。ウィリアムは職人気質の父親とは異なり，ピアノを弾いて音楽を愛し，オペ

ラやオーケストラ，ピアニストのパトロンでもあった。スタインウェイの顧客と同様に邸宅に住み上流階級の友人を持ち，スタインウェイの宣伝となるように友人の応接間に置くスタインウェイのピアノを購入させた。

1860年前後に，スタインウェイがアメリカで注目していたのは音量のあるチッカリングのピアノであった。1850年代からはアメリカでも数千人を収容できる大きな音楽ホールが建設されるようになったが，当時のホールの音響はよくなかったこともあって，より音量の大きいピアノが必要になっていた。この頃，チッカリング社では音楽家がピアノを保証するという宣伝方法を始めていた。当時の著名ピアニストであったギスモンド・サルバーグがアメリカでのコンサートツアーをおこなった際には，各都市に選定したピアノを出荷し，ディーラーがその楽器を必要な場所に運んでコンサートホールでは無料で調律した。ディーラーはコンサートの前にピアノを展示し，演奏後にはショールームで販売用に展示していた。そこで，1859年にはスタインウェイも同様に，ヨーロッパの著名ピアニストにピアノの品質保証を依頼していった。

ウィリアムは，1864年にマンハッタンの音楽地区の中心にスタインウェイのピアノ100台以上を展示する優雅なショールームを設立し，1866年には隣に2,000人を収容するスタインウェイ・ホールを建設して，観客には必ずスタインウェイ楽器100台が並ぶショールームを通っていくように仕向けた。これはパリでヨーロッパの老舗プレイエルやエラールがおこなっていた方法でもあった。コンサートではピアニストにスタインウェイのピアノを弾かせ，スタインウェイ・ホールはニューヨークの文化生活の中心として重要な役割を果たすようになっていった[24]。ウィリアムはロシアのアレクサンドル2世，銀行家ロスチャイルドにもピアノを売るなど，自らマーケティングの才覚を発揮していた。

(2) アメリカ市場の隆盛

1862年までにスタインウェイでは国内で35のメダルを獲得している。また1862年ロンドンで開催された第2回万国博覧会では，スタインウェイの

交差弦式グランド・ピアノが初参加ながら金賞を獲得し，スタインウェイがヨーロッパのメーカーとともに受賞8メーカー[25]に含まれたことで，全米トップのメーカーとして認識させることになった。もっとも最高金賞は，ピアノ製造で当時最高の技術を持つとされていたイギリスのブロードウッドに与えられた。

　その後，スタインウェイではピアノの改良を進め，弦の張り方を変え，それに見合う響板と鍵盤も作っていったために，スタインウェイのピアノは画期的な響きを有するようになった。この結果，1867年のパリ万博ではグランド・ピアノ3台とアップライト2台を出品し，金賞2つと最高金賞1つを受賞した。アメリカのメーカーとしては初の最高金賞の受賞であった。この万博では競合のチッカリング社も含め5社のピアノが金賞を受賞しており，アメリカのピアノの評価は高まっていた。チッカリングとスタインウェイとは熾烈な宣伝競争を繰り広げたが，スタインウェイは各国の著名ピアニストや王室から証明書を取りつけて王室御用達とし，販売につなげて売上を急速に伸ばしていった。文化ではアメリカに遠く及ばないと人々が考えていたこの時代のヨーロッパでの受賞は，アメリカでのマーケティングにも役立った。

　1870年代になるとスタインウェイにはコンサート＆アーティスト部が設置された。コンサートホールでピアニストにスタインウェイを演奏させるというアイデアは，1859年に既にヘンリー・ジュニアが考えていたものであったが，スタインウェイ・ホールを5万ドルかけて改修し評判を高めたこともあって，ウィリアムはルービンシュタインとヴァイオリン名手ヘンリク・ヴィエニャフスキ（Henryk Wieniawski 1835-1880）の巡回公演を企画して成功を収めた。1872年にはルービンシュタインは総計215回の演奏会を通して，スタインウェイのピアノを宣伝することになった。スタインウェイでは演奏旅行の手配，ギャランティの最低保証など演奏家のマネジメントを手掛け，後にはクラシック音楽を普及させる目的でパデレフスキに米国内の小さな都市で演奏させ，国民の音楽に対する意識を高めていった。同時に多くのアメリカ人がピアノに手が届くようにすることで，購買につなが

る布石とした。

スタインウェイでは，木材のシーズニングに科学的分析を採り入れた品質管理や，交差弦[26]やハンマーの改良などで，1857年から1887年までに55の特許を取得している。1871年には父親のヘンリーが亡くなったが，長男のテオドールが製造に工学や音響学を採り入れることで画期的なアイデアをもって，リム，ブリッジ，アクションの取り付け，鍵盤の構造，響板などを改良し，45件の特許を取得したが，この中で34トンの強度に耐えるプレート用の金属も開発した[27]。

このようにスタインウェイでは，それまでの職人の勘に頼る製作から脱却し，音響学に基づく科学的根拠を求めながら，世界のトップ・アーティストをうまく利用したマーケティングにより，ヨーロッパのメーカーに代わって世界のトップメーカーとしての地位を確立していった。1873年のウィーンで開催された万国博覧会には，ドイツ66社，オーストリア48社が参加したのに対し，イギリスのメーカーは2社に留まった。ベーゼンドルファーも金属フレームを採用するようになり，フランスのプレイエルもスタインウェイを意識した新モデルを出展するなど，スタインウェイの金属フレームや交差弦はヨーロッパのメーカーでも採用され，「スタインウェイ・システム」[28]と呼ばれるようになった。世界のピアノ・メーカーはスタインウェイに倣うようになって，ヨーロッパのピアノ製造の伝統がアメリカの技術革新に屈服する形となった。

(3) 市場拡大に向けた国際戦略

アメリカ市場を手に入れたウィリアムはヨーロッパ市場獲得に着目し，イギリスに照準を合わせ，1875年ロンドンのAnglo-Continental Pianoforte Limitedを通してピアノを販売することに決め，77年にはこれを買収してスタインウェイ&サンズを設立，スタインウェイ・ホールとしてヨーロッパにおけるニューヨーク工場のショールームに位置付けた。さらに1880年にテオドールとウィリアムは，自由港で関税がかからずヨーロッパや南米への航路があるハンブルグに，古いミシン工場を借り受けヨーロッパの製造拠点

をオープンさせ，1884 年にはハンブルグに工場を設立する。ドイツでの工場設立は，ヨーロッパの販売に向けて湿度の違いなどに対応するほか，為替レート，アメリカでの労働賃金の上昇，配送コストなどを考慮して約 45% 安くロンドン支店に供給できると考えられたものだった。

ロンドンのスタインウェイ・ホールとヨーロッパ全体の統括を任されたテオドールは，一族と緊密に連絡を取りながらニューヨークの標準に従い，同型の製品ラインアップを製造していった。ハンブルグでは 1902 年まではニューヨークから送られてきた完成部品を組み立てていたが，1907 年にドイツで金属部品に関税がかけられるようになると，鉄骨フレームを現地で購入するようになり，1914 年にはアクションのパーツもドイツで賄われるようになった。

1888 年に 550 台を製造したハンブルグ工場は，1903 年には 375 人で 1,100 台のピアノを製造するようになった[29]。ヨーロッパではアップライトの人気が高かったこともあって，ニューヨークで生産されていたスクエア・ピアノは製造されなかった。1909 年にはベルリン工場も建設された。1911 年の M 型モデルが好評で翌年には生産量も急増し，スタインウェイ全体の利益の半分を占めるようになったが，1914 年に第一次世界大戦が始まると生産台数は激減した。戦時中軍需品を製造していた工場は戦後ピアノ生産を再開し，ハンブルグでは 1925 年には 1,200 台のピアノを生産している。1923 年から 27 年にかけてハンブルグ工場はバーレンフェルトに新設された。しかし，第二次世界大戦下にハンブルグ工場はユダヤ人経営として没収され，1941 年から 44 年にかけては，わずか 1,000 台を生産したに過ぎない。工場ではダミーの飛行機やシェルター用のベッドが生産され，空爆により新工場も大きな被害を受けた。戦後職人が少しずつ戻ってはきたものの，1948 年まではピアノ製造はできず同年の生産は 29 台，楽譜の印刷・販売やピアノの貸出，調律などで凌ぎながら，1955 年にようやく 1,200 台を製造できるようになった。

1898 年テオドールの没後は，ハンブルグ工場は法的にはニューヨークに属するようになったが，1907 年からは部品も現地で調達するようになり，

戦争でドイツとアメリカが引き離される中で，同じ設計図に基づいてはいるものの，ニューヨークの製品とは随所に違いがみられるようになった。例えばハンブルグのスタインウェイは今でもニューヨークで昔使われていた丸みを帯びたアームの縁を使用しているなど形状の違いもある。また塗装にも違いがあり，硬質で光沢のあるハンブルグ製の概観は「硬くて金属質」な音の要因の一つとなっている[30]。

4. ピアノ産業の盛衰

(1) 労働争議，不況

　ニューヨークのスタインウェイでは，作業を分散させ労働組合の運動を抑制させる目的で，1870年にはイーストリバーの対岸のクィーンズに第2工場設立を決め，1873年には製材所，鉄・銅の鋳物工場，金属工場が建設された。河岸には輸送施設，材木の湿度を保ち，材木を水中で保管するために何百万平方フィートもの貯木用溜池を持つ工場となった。ドリル作業，仕上げ，鉄フレームの仕上げ用に蒸気機関を備えた工場も建設された。スタインウェイのピアノは，鍵盤の象牙以外の全ての部品が自社工場で生産されるようになった。1874年にはソステヌートペダルも完成させ，アルバートがソステヌートに関する4つの特許を取得している。またクィーンズを企業城下町とする構想から，従業員のための住宅[31]，教会，私設警官などを整備していった。これには労働者を管理する目的と不動産収入を得るという2つの目的があった。スタインウェイはビレッジの社会インフラも整備していった。もっとも1873年の恐慌でニューヨークが壊滅的な経済状況となり，ピアノ産業も停滞し，工場も半分しか稼働できなくなり生産も売上も低下した。スタインウェイもはじめて赤字を出したことで城下町構想の勢いは失われていった[32]。

　その後，鉄道の普及により市場が広がったこともあって，アメリカのピアノ産業は1878年までに不況から脱出することができた。しかし，賃金カットに不満を持つ従業員のストライキが続き，スタインウェイにいた優秀な工

員の多くが高い賃金の工場に移る事態も起こった。それでも1882年にはフランツ・リストのピアノを製作するなど，スタインウェイは不動の名声を築き，1880年代には莫大な利益を上げて富を築いたが，1890年代には金融暴落により経営状況が悪化した。1891年ピアニストのパデレフスキによるアメリカでのコンサート・マネジメントを成功させ，スタインウェイのピアノをうまく宣伝させたウィリアムも，1896年に没する。リスクを恐れない起業家だったウィリアムは，さまざまな企業に投資しており，不景気の中でスタインウェイの経営は困窮していた。

　次に社長となったチャールズ（Charles Herman Steinway 1857-1919）は，ウィリアムの兄チャールズの息子で，弟のフレッド（Frederick Steinway 1860-1927）が工場長，従兄のヘンリー・ツィーグラー（Henry Ziegler 1915-2008）が研究責任者になった。1897年末頃から景気回復の波に乗りラグタイムの流行や，映画館で映画に合わせてピアノが演奏されるようになりピアノの市場が拡大したこともあって，スタインウェイの経営も上向きになった。1901年にクィーンズの工場（ライカー工場）から数マイルのところにあって，より空気が乾燥しているディットマーズ工場を設立し，最終組み立て，ケースの仕上げ，鍵盤とアクションの調整などを行うようになった。スタインウェイは10万台目となるピアノをルーズヴェルト大統領（Franklin Delano Roosevelt 1882-1945）用に製造し，1903年にホワイトハウスに寄贈した。

(2) 第二次世界大戦前後

　このようにスタンウェイは順調に経営を回復し利益を上げていったが，1914年にヨーロッパで戦争が始まると，ハンブルグ工場は閉鎖状態で，戦争に行った工員に代わって工場には女性が多くなった。ハンブルグ，ロンドンの利益が上がらずヨーロッパでは損失を出したが，戦争で繁栄するアメリカでは回復してきていた。しかし戦争中はニューヨークとハンブルグの工場はそれぞれ国のために貢献することになり，相互の情報は断たれてしまった。1919年には社長のチャールズが亡くなり，弟のフレッドが社長となる。

フレッドは幼少時代をドイツで過ごし，スタインウェイで見習いをしたこともなかった。副社長のヘンリー・ツィーグラー，ツィーグラーの甥のセオドア・カセベール（Theodore Cassebeer 1879-1941）が工場長となっていた。フレッドとツィーグラーは親友でもあり，1920年までパートナーとして会社を経営した。戦後のアメリカではピアノが急速に普及していた。中でも人気のある自動ピアノには，多くの企業が参入してきていた。

スタインウェイでは，小型のピアノを生産するための効率化をセオドア・カセベールに依頼し，新しくリムを曲げるプロセス，合板技術を改良する新しい機器の開発，TCラッカーの開発による乾燥時間の短縮化，製造工程の見直しなどをおこなった。この結果，1925年には2,300人の従業員により，1926年の実績で6,294台を出荷して，生産台数は約2倍に増加した[33]。1926年の純利益は142.5万ドルと5年間で5倍となり，この年さらに工場を増設した。クィーンズの土地を売却したことによる収入も大きかった。

1925年にはマンハッタンに新しいスタインウェイ・ホールがオープンした。販売の責任者にはナフム・ステットソンが就き，音楽家でビジネスマンだったアーネスト・ウルチス，アレクサンダー・グライナーが活躍して，スタインウェイの販売に結び付く世界の著名ピアニストであるラフマニノフ，パデレフスキ，ホフマン（Josef Casimir Hofmann 1876-1957），ホロビッツ（Vladimir Samolovich Horowitz 1903-1989），ルービンシュタイン，クライバーン（Van Cliburn 1934-2013）などとの関係を築いていった。

1927年フレッドが急逝し，創始者の孫にあたるテオドールE.（Theodore E. Steinway 1883-1957）が社長となる。しかしラジオやレコードの普及もあって，ピアノ市場もスタインウェイの利益も1927年から縮小を始めており，1929年以降の出荷は以前の9割も減少した。人々の関心はピアノから自動車に移り，音楽はラジオ，映画，蓄音機を通して聴くようになった。ピアノの売上が減少しただけでなく，スタインウェイ・ホールの賃料収入も減っており，1931年には1日で2,000ドルの損失を出すようになり，工場も一時閉鎖された。もっとも1930年頃からピアノの教授法がプロのピアニストを教える方法から万人向けに代わっていったこともあって，子供へのピア

ノレッスンは増加していた。消費者のニーズは小さいアパート向けの小型なもの、デザイン重視のものだったため、各社は次第に小さくてスタイルのよいピアノを作りはじめ、新たなピアノブームとなった。アメリカのピアノの売上は1935年から30年代の終わりまで増加し、このうちの8割が小型でスタイルのよいアップライトであった[34]。しかし1930年代のアップライト・ピアノの普及に対し、スタインウェイではグランド・ピアノの製造にこだわっていた。テオドールは1934年には工員を600人に減らしコスト削減を図ったが、軌道にはのらなかった。テオドールはビジネスよりは音楽を愛するタイプの経営者だった。

1930年代以降、スタインウェイではスタインウェイ家以外の人々がピアノ開発の技術革新に関わるようになっていった。1930年代には甥のフレデリック・ヴィーター（Frederick Vietor 1891-1941）が事実上のトップを務め、低価格の小型グランド・ピアノS型の製造のためにポール・ビルヒューバーを技術部長とした。それまでファミリーに引き継がれてきた技術が、初めて外部の技師によって開発されるようになった。伝統的にスタインウェイでは開発のあとに図面が作られてきたが、ビルヒューバーはピアノの詳細図を作成してから開発に臨んだ。ビルヒューバーはS型グランド・ピアノの響板を開発し、ホロビッツのような指の動きが非常に俊敏な新演奏法に合う極めて反応がよい鍵盤・加速アクションを、ピアニストのホフマンとともに開発していった。そして1935年にはS型グランド・ピアノを発売する。この小型グランドによりスタインウェイでは再び利益が出るようになったが、1937年米国経済の悪化とハモンド・オルガンの普及により打撃を受け、1937年にようやくアップライトの本格的な生産を始めた時には既に時期を逸しており、アップライトでは収益が得られなかった。ヴィーターは鋳物と象牙の鍵盤の自社製造をやめ、アクション製造機械、アップライトとグランドの鍵盤も他社から購入することにし、工場のスリム化を図った。この中でスタインウェイの30万台目のピアノがホワイトハウスに贈呈されている。しかし、ようやく黒字化が見込まれるようになったものの第二次世界大戦がはじまり、ピアノ製造から撤退を余儀なくされることとなった。当然のこと

ながら、スタインウェイは軍事需要からの利益拡大を望まなかった。そしてグライダーなどの製造の合間にピアノの製作を細々と続けていた。戦後一時的にピアノの売上は伸びたものの、その後経済不況もあって市場は縮小していった。1953 年にスタインウェイ創立 100 周年の記念行事がおこなわれたが、このマーケティングも功を奏さなかった。

1955 年にテオドールが引退すると、工場長、副社長として 1945 年から実質的に会社を仕切ってきたヘンリー・Z．(Henry Z. Steinway 1915-2008) が、40 歳で社長となった。企業家のヘンリーは会社の主要なポストを、スタインウェイ家以外の人材で固めていった。ビルヒューバーがスタインウェイの技術情報を独占するのを避けるために、フランク・ウォルシュが工場を指揮することになった。ここではじめてスタインウェイのピアノの製法は、成文化されるようになった。音楽を理解しピアニストとの関係で強い信頼関係を築いてきたグライナーが亡くなると、代わってヘンリーの従兄弟フリッツ (Frederick "Fritz" Steinway 1921-2004) が演奏家を担当した。フリッツはグライナーのようにヨーロッパから招聘してくる能力はなかったが、ジャズ演奏家アーマド・ジャマル (Ahmad Jamal 1930-) をスタインウェイ・アーティストに加えるなどアフリカ系アメリカ人の音楽家をスタインウェイの宣伝に使っていった。フリッツの後はディヴィッド・ルーヴィンが後継者となるが、音楽家との関係はグライナーには適わなかった。ヘンリーは経費削減のためクィーンズのライカー工場に統合、年間 2,500 台の製造規模に改めた。この結果 1955 年には純利益を倍増させることができた。しかしニューヨークでの利益は続かず、会社はハンブルグの利益に頼っていた。

1960 年代になると戦後のベビーブームの世代が 10 代になり、米国内で音楽への需要が爆発的に広がり、子供たちの音楽レッスンが盛んになったこともあって、グランド・ピアノの売上は 2 倍以上になった。家庭用にアップライトの売上も順調だった。そこで、再びスタインウェイは工場を拡大する。しかし、フル稼働しても生産は需要に追い付けず、売上は上昇したものの、インフレと効率の悪い工場が原因で利益は減少を続け資金繰りは厳しかった。工場の労働者たちが待遇に対する不満から大量に辞職し、1969 年には

熟練工の4割がいなくなった。そこでアフリカ系アメリカ人や，ラテンアメリカからの労働者を入れることになる。

その頃日本のヤマハがピアノでアメリカ市場に参入してきていた。ヤマハの作るピアノはスタインウェイのピアノに代わるものではなかったが，エヴェット・ローワンがセールスマネージャになってピアノに保証をつけて売られるようになって，大型アップライトとグランド・ピアノの市場を開拓していった。そして1965年にコンサート・グランド・ピアノの製造に成功し，67年アメリカでのコンサート・グランドの市場にも参入してきた。68年に米国で購入されたグランド・ピアノの44％が輸入ピアノとなり，その大半がヤマハとなった[35]。1970年代に入るとヤマハの台頭が目覚ましくなった。72年にはアメリカでアップライトの製造も開始した。一方で，スタインウェイは60年代のピークを1966年に迎えた後停滞していた。

(3) ファミリービジネスの終焉

スタインウェイは5代にわたって一族による経営を継続してきたが，ピアノを取りまく環境変化の中で1972年にCBSコロンビア・グループに売却され，一族による経営は終焉した。CBSコロンビア・グループは既にフェンダー・ギター，ロジャーズ・オルガン，楽器の弦メーカーのV.C.スクワイアを有しており，これにスタインウェイ＆サンズ社が加わった。ヘンリーはスタインウェイの社長として残ることになったが，CBSは投資に対して収益を強く要求していたことから，スタインウェイでは在庫を減らし，乾燥期間も短縮させ，利益の多いグランド・ピアノに生産と販売を集中していった。その後CBSは30年近くスタインウェイを所有していたが，その間いかにしてピアノをより安く速く作れるかという方向に動いていった。1977年にCBSはヘンリーに代わってロバート・ブルを社長に付け，実権が初めてスタインウェイ家以外に移ることになった。その後1978年にはピーター・ペレツが，1982年にはロイド・メイヤーが社長となった。ピアノ部門のスタインウェイでは製造と売上が改善され収益も順調だったが，CBSの楽器部門は1980年以来赤字が累積していた。そこで1985年には，ボストンの弁

護士ジョン・P．バーミンガムと弟ロバート[36]が率いる投資家グループがCBSの楽器部門の数社を買取り，スタインウェイ・ミュージカル・プロパティーズ社を設立した。

しかし，ピアノの需要が衰退する中で1995年全米の販売総数が94,044台と10万台を下回るまで落ち込み，スタインウェイは再び投資銀行家のカイル.R．カークランドとダナ・D．メッシーナに売却された。その後，経営権は管楽器メーカーであるセルマー社に1億ドルで譲られて，セルマー・インダストリーズとなり，ピアノ部門のスタインウェイ＆サンズ社はその傘下に置かれた。1996年にはセルマー・インダストリーズは社名をスタインウェイ・ミュージカル・インスツルメンツ社と変え，資料2に見られるように売上規模で世界10位に入る楽器製造企業となるが，2013年7月に，米投資ファンドのコールバーグ・カンパニーに売却された。コールバーグ・カンパニーは，スタインウェイ・ミュージカル・インスツルメンツ社の普通株主にも所有株の売却を提起しており，それによって同社を非上場企業となして，

図表2-1：スタインウェイ＆サンズ社　年表

1797年	ハインリッヒ・エンゲルハート・スタインヴェク，ドイツに生まれる
1836年	家具職人でオルガン製造も手掛けるハインリッヒが，自宅のキッチンで1台目のピアノ製造
1839年	ブラウンシュヴァイクの見本市で一等賞を獲得
1849年	ドイツでのピアノ事業の限界を感じ，次男のカールをアメリカに視察へ
1850年	スタインヴェグ一家アメリカに移住
1853年	スタインウェイと改名し，ニューヨークのヴァリック街にスタインウェイ＆サンズ社を設立
1854年	息子ヘンリー・ジュニアのピアノがワシントンDCのメトロポリタン見本市で受賞
1855年	一体型鉄骨，グランドで初めての交差弦方式，ダブルエスケートメントアクションの改良
1855年	ヘンリーのピアノがニューヨークのクリスタルパレス展示会で金賞
1866年	スタインウェイ・ホールをニューヨークの14番街にオープン，NY芸術文化の中心となる
1867年	パリ万博でアメリカの会社初の最高金賞を獲得
1870年代	コンサート・アンド・アーティスト・デパートメントを設立

1871年	創業者ヘンリー・E.スタインウェイ没，経営は長男 C.F.テオドールと四男ウィリアムが継ぐ
1872年	アントン・ルービンシュタインをアメリカに招聘して計215回のコンサート
1873年	クィーンズに工場を建設
1874年	ソステヌートペダルを完成
1875年	ロンドンに販売支社開設
1880年	ドイツ，ハンブルグ工場創業。ニューヨーク工場から部品・半製品輸入
1891年	パデレフスキをアメリカに招聘してコンサートツアー
1904年	ハンブルグにショールーム開設
1907年	ドイツ，ハンブルグ工場，独自部品の使用開始
1909年	ベルリン支社開設
1925年	マンハッタン WEST57thStreet に新スタインウェイ・ホールを設立
1926年	従業員2,300人，年間生産台数6,294台と生産のピークを迎える
1972年	CBS がスタインウェイを買収
1985年	ボストンの投資家グループがスタインウェイ&サンズを含め CBS の全音楽部門を買取
1994年	スタインウェイ・アカデミーを設立
1995年	バーミンガム兄弟がスタインウェイをセルマー社に売却
1996年	セルマー社がスタインウェイ・ミュージカル・インスツルメンツ社と社名変更
2000年	ドイツのカール・ラング社を買収
2013年	コールバーグ・アンド・カンパニーがスタインウェイ・ミュージカル・インスツルメンツを買取

出典：Lieberman, R.K.(1995)邦訳版，Steinway Sons ホームページ，日本経済新聞記事をもとに作成。

株主からの圧力を避けて経営改革に着手するものとみられている[37]。

(4) スタインウェイの戦略についてのまとめ

　このようにスタインウェイはピアノ製造への熱意と技術革新をもとに音量のある近代ピアノを完成させ，アメリカの経済を象徴する企業の一つとなったが，経済恐慌，自動車やラジオの普及，戦争，ピアノの大衆化といった環境変化の中で，企業としての最盛期は終焉した。それまでに築いてきた巨大な富も消失した結果，企業経営はファミリービジネスとして継続してきたス

タインウェイ家から離れ，スタインウェイ社は CBS からセルマー社と大手企業グループの傘下に収められるようになった。総合楽器メーカーとして日本のヤマハが内製で大きくなったのに対し，「セルマー・グループはパッチワークのような企業複合体で，規模ではヤマハの約 10 分の 1 」[38]に留まっている。先進国のピアノ産業は総じて衰退傾向にあるが，1990 年代後半のアメリカの好景気の中で楽器製造の企業複合体として大幅に売上を伸ばし財務体質も改善されたために，スタインウェイでは高品質な素材を入手し続けることができたことは，高品質なピアノを継続して製造できた要因でもある。もっとも大手企業グループの傘下として「株主利益が重視されるようになった」[39]ことから，経費削減と品質維持の葛藤を抱えている。

1907 年のハンブルグ工場設立以来，スタインウェイのピアノはニューヨークとハンブルグの 2 つの工場で製造されており，ニューヨーク工場は主として北南米，ハンブルグ工場はヨーロッパ，アジア，アフリカの市場に製品を提供している。このため日本にはハンブルグのピアノが入ってきている。現在グランド・ピアノの市場では，アメリカ・カナダと日本が牽引しており，近年では中国・ロシアの市場も伸長している。

スタインウェイはアーティストとの関わりを強く持つことを，マーケティングの特徴としてきた。スタインウェイ・アーティストという認定制度を導入し，2011 年現在世界の音楽家 1,300 名をスタインウェイ・アーティストとして認定している。認定されるには，スタインウェイを持っていることが条件であり，教授業ではなく演奏家であることが求められる。スタインウェイ・アーティストには練習場を便宜することはあるものの，基本的には精神的なメリットに留まり，音楽家自らがスタインウェイに対する思いを書いて署名する「テスト・モニアル」がコミットメントとなる。「お金でつったらアーティストとの関係はだめになる」[40]というように，音楽家のプロとしての意識をうまく利用した制度である。

また，スタインウェイではスタインウェイ会という組織がある。ここでは音楽と技術の両方の理解がある技術者を育成することが目的で，コンサート・チューニングができる調律師を育てている。日本では調律師が非常に多

く，日本調律師協会には約3,000人が登録しているが，スタインウェイ会への登録は全世界で約680人である。

　低価格ブランドとしては，ボストンとエセックス（Essex piano）を立ち上げ，ボストンは日本のカワイが，エセックスは韓国のユンチャン社が製造している。もっとも，これらを製造することでのスタインウェイに対するイメージダウンは招くことはなく，スタインウェイが依然としてピアノの最高峰と認識されている。トッププロに愛用されるピアノとして知られるスタインウェイだが，実際の「購買者の50%は富裕層」であり，「本当はピアニストに買ってもらいたい」という企業側の本音もある。

　このように，スタインウェイのピアノは150年以上にわたり技術革新を続け，ピアノのトップメーカーとして顧客との信頼関係を継続させてきたが，経営環境の変化の中でハイエンド・ユーザーに特化する厳しさも伺える。そこで，最後に最高峰とされるスタインウェイのピアノには具体的にどのような特徴があるのかを明らかにしておきたい。

5. スタインウェイのピアノの特徴

(1) スタインウェイの設計思想

　スタインウェイは，前述のようにこれまでに127の特許を取得してきた。ピアノ製造に関する特許は新規の発明のみならず，実用的な構造，材料，形状寸法の特徴とその作用効果が明らかになった技術を登録する。もっとも製法や工程に関する技術は製造ノウハウとして部外秘とするため特許には表現されていない。スタインウェイが取得した特許は有効期限が切れており，誰でもその技術を使うことはできるが，設計の基本思想を示すものとして見ることができる。

　村上（2010）によれば，特許から見えるスタインウェイの設計思想は以下の3点に集約される。資料1にあげた重要な特許が，これらのどの部分に関連するものなのかについては資料1「部分」①〜③に示している。

　①低・中音域の音色を豊かにしてダイナミックレンジを広げること

②高音域の音色を豊かにして伸びを良くすること
③構造強度を高め，楽器全体が良く響くようにすること

　ヘンリー・ジュニアは，オーバーストリングの一体鋳造型フレームを使った設計などで1857年から7つの発明をしているが，19世紀後半に集中する特許は主にテオドールによる発明で，「新しいピアノを発明したり新しい部品を発明することではなく，ただひたすらにピアノの音量の増大と音色の改良に務めた」[41]ものである。音響学を学んだテオドールの特許は，スタインウェイの特許の45%を占めている[42]。1930年から1950年にかけての特許は，スタインウェイ&サンズ社によるもので完成度の高いピアノ開発のための技術開発で，本体構造関連のものである。1970年代以降は主にアクション，ハンマー，チューニングに関するもので本体の改良に関するものは少ない。村上によれば，価格競争が激化したアメリカ市場向けの出願であるとされ，「価格競争のもとでは本来の設計思想はどうしても希薄化してしまう」[43]という。

　次にピアノ製造の中で重要なパーツについて，スタインウェイの特徴をあげていく。現在スタインウェイで外注しているのは鉄骨フレーム[44]とアクション[45]（アメリカでは自前）である。

(2) 木材

　スタインウェイでは選び抜かれた最高の木材だけが使用され，これが品質と外観のよさにつながっている。創始者のヘンリー・スタインウェイが木材に関連する家系に生まれたことは，スタインウェイの木材に対するこだわりの強さにつながっている。木材への鑑識眼が企業の中で脈々と継承されてきたことが，スタインウェイの歴史を支えてきた。

　使用するのはカエデ，スプルース，マホガニー，ローズウッド，レッドウッド，ポプラ，クルミなど多彩であるが，「リムにはカエデとマホガニー，響板にはスプルースが使われる。」[46]

　ニューヨークとハンブルグは今では同じ木材を使用しており，木材について専門的な学位を持つ職員も置いている。長い付き合いのある供給業者を利

用してきたために，品質は安定している。現在カエデはアメリカのニューハンプシャー州とヴァーモント州のものを使用しており，遠方から運ばずにすむため輸送費が安いというメリットもある。ハンブルグでも，今はニューヨークと同じカエデを使用している。木材はコネチカットの製材所で製材され，スタインウェイの工場までトラックで約3～4時間で届けられる。地元の供給業者から質の高い丸太を購入しているが，開いてみないと正確には品質がわからず，購入した木材の中でもピアノの主要部分に使えるものは限られている。木材はピアノの音と外観を決める最も重要な部分であり，スタインウェイでは木材はプログラムを入れた機械でカットされるが，X線ではなく映像で判断される。どこの部分を何に使うのか，型紙を使って切断されたものは貼り合わせるときの印などが，チョークで手書きにより記されていく。

(3) リム

　リムはボディの一部で，音を伝達するためにも非常に重要な部分である。スタインウェイでは，硬く目の詰まった木を使った曲げ練り製法によるアウターリムとインナーリムに特徴がある。CBSへの売却後，1980年にヘンリー・Z. が引退すると，それまで人の手でおこなっていたピアノの上蓋や脚の木材の裁断も機械を使用するようになったが，「そこを自動化すれば，スタインウェイから魂が抜きとられてしまう」[47]というリムは，今でも手作業で行われている工程の一つである。接着を補助する高周波加熱以外はほとんど昔と同じ製法で，リム成形の方法は1880年代に考案された時のままである。物理学者と交流があったテオドールは，音量を出すために長く強い弦を使うとより強くかかる張力に対し，薄い木片を張り合わせたリムを考案した。第一次世界大戦後に工場長を務めたセオドア・カセベールがこれを改良し，強度と均一性のあるカエデの木を使用するようになった。1800年代には3つのパーツに分かれていたが，1本にしたほうが強度があると考案されたものである。リムには強さ，安定性，信頼性の3つが必要とされる。

　リムに使用するのは40～80年ほどたった白いカエデの外輪の部分である。

「ウィーンのピアノは全体が柔らかいが，スタインウェイの木材には堅いものが使われる。」[48] 17枚の薄板からなる6.7メートルのリムを，糊が固まらない20〜25分以内にピアノ型万力にボルトで留め，曲げていく。固定されたリムは24時間そのままにしておく。プレス機から降ろされたリムは2日間室内に置かれ，アームとアームの間に渡した1本の鉄棒に支えられて，高温乾燥の調整室[49]で2カ月自然乾燥させる。そこから出して2週間ほどたつリムは，木のヘラ棒で強打して鉄棒がはずされる。

リムができ上がると響板が膠で接着され，チューニングピンが撃ち込まれ，フレームがボルトで固定される。自然素材の膠を使用するのは，温湿度の変化で生じる木材の動きに順応して音の伝達を良くするためである。「リムはどれも少しずつ形が違う，こっちのが，あっちのより16分の1短いこともある。たいした違いじゃないとはいえ，それがピアノの個性をもたらす」[50]。スタインウェイでは木製の支柱しか使用しない。リムに支柱をつけると，棚板という木材を取り付ける。ニューヨークのリムは湾曲がとがった角になっており，18世紀の家具デザイナートーマス・シェラトンにちなんでシェラトン・アームと呼ばれている。ニューヨークではリムの内側の下の木材は外側の木材と同色になるが，ハンブルグ製は天然木のままである。3週間寝かせた後，リムは亜麻仁油で拭き，ブースで塗装[51]される。ニューヨーク製よりハンブルグ製のほうが光沢の強い仕上げになっている。台車につながれたピアノの1回の塗装は20分で完了する。これを5カ月の間に5回繰り返し，この間は常温に置かれる。

放射状支柱とその基部のコレクターを後框および金属フレームと結合することで弦の張力と響きを支柱とリムに拡散することで，スタインウェイの特徴である強い張りのある音ができている。

(4) 響板

響板に使われる木材には，樹齢の長い（200〜500年）シトカ・スプルース[52]と呼ばれるものが使われていた。設立当初はヴァーモント州，メイン州から伐採され，コネチカットとニューハンプシャーの製材所に送られてい

た。1920年代までイースタン・ホワイト・スプルースを使っていた。ニュー・イングランド地方にあったスプルースは伐採が進んでしまったために，今ではブリティッシュコロンビア州やアラスカのスプルースが使われている。スタインウェイに資材を供給する業者はヘリコプターで伐採に行き，木材を釣り上げてトレーラートラックに積みこみ，これらの材木は荷船でワシントン州にある製材所（フレッド・テップ＆サンズ社）に運ばれる。前近代的な作業を続けるテップ社には，長年に渡り木材技師を務めているスタインウェイの職員が自ら出向いて，上質の木材が入るようにチェックしている。「木材は，スタインウェイとは100年以上の取引があるところから購入するので，スタインウェイが望むものを持ってきてくれる」[53]。スタインウェイではスプルースの買い付けに年間200万ドルをかけるというが，テップ社から送られてきてピアノに使える品質のものは半分である。響板には板の全長にわたってまっすぐに木目が通ったものだけが使用される。「目が詰まっていればいるほど良い音になる。」[54]テップ社はバンクーバー近郊のハズビー林産という卸売業者から木材を仕入れているが，多湿のクイーンシャーロット諸島産のシトカ・スプルースで響板に適しているのは5％にも満たない。製材の代金を負担して初期作業を請け負う請負人を通してテップ社に仕入れられる。2週間かけてスタインウェイに運ばれた木材は工場の屋外に1年は寝かされ，乾燥炉で数日間水分がとばされる。そして木工職人が再度木材を選別していく。仕上がった響板から学んだ経験による鑑識眼である。適度に時間をかけて成長した均一な木が好まれる。節があるものはだめで，ストレートで目の詰まったものだけが使用される。強いストレスが加わっても安定性と振動性を確保する木材だけが選ばれる。スプルースはハンブルグにも送られている。

　板を組み合わせて響板の形にしていく。スタインウェイの「フルコンサート・グランド・ピアノの響板は，ピアノの全ての音域にむらなく反応し，共鳴させやすいように独自のアーチをもたせており，中央部で9mm，縁周りで5mm」[55]になるように薄く仕上げられる。このデザインにより，空気中にいっそう多くの振動を送ることが可能になった。響板は高温で数日間乾燥さ

せプレス機にかけられる。クラウン（むくり）を長く持続させ音質的に優れた響板の材質および厚みを管理した製造法が特徴である。

(5) フレーム

　力学及び音響的に優れ，軽量なフレームが特徴である。1940年代までは自前でフレームを生産していたが，その後はスタインウェイが自社で製造していない部品の一つとなっている。1999年フレームの納入業者 O.S. ケリー社を買収した。オハイオ州スプリングフィールドにある企業で，ここはピアノフレームの世界的な産地となっている。ケリー社の他にウィッカム・プレート社など10社ほどがひしめいていたが，ウィッカム社の倒産によりケリー社がスタインウェイに納入するようになり，これを買収することになった。ピアノのフレームはノーベーク法と呼ばれる手間のかかる鋳造法で作られるため1回に1〜2台のフレームしか作らない。小型グランドのフレームは別の方式により40〜50台まとめて作ることができる。1日に2回の鋳造体制である。これにスタインウェイ・ゴールドの金色塗料が吹き付けられ，ニューヨークに出荷される。フレームの設計は1880年代からほとんど変わっていない。

　搬入されたフレームは，フレームをケースにつなぎ合わせ，弦・響板・キーの正確な配置を決める工程に入る。160キロのフレームはロープが巻かれ電動ウィンチで吊り上げる。木製のピンブロックに黒い粉をまき，研磨機にかけながらフレームとピンブロックをぴったり合わせていく。フレームの低音部側をケースに合うようにベリーバーを使って調整する。リムの周囲にはレジストリーホールが開けられ，フレームに固定する20本のネジの配置が決まる。次にフレームを吊り上げ，従来は人間がやっていた工程だが今は機械となった形状記憶装置を使って測定し，これに合わせて響板を切り整える。響板はかすかに湾曲しているので，この作業によって1台1台のリムとフレームがぴったりと合った形に調整されていく。リムの内側を削り，リムの内側の傾斜を響板の傾斜と確実に合わせる接着作業はスタインウェイの音の源泉となっている。インナーリムの周りに接着剤を塗り響板を適所に押し

込む。響板の上で弦を支える駒の位置を決め，弦を張る88個の小さな溝を作っていく。ピンブロックにピン穴を開ける作業には正確な仕事が要求されるため，手作業に代わって機械が使われるようになった。

「ボディを作ったら6カ月寝かせて置き，膠が乾くときに空気を入れて響板と一緒にしてしまう。」[56]そして，ボディが響板に張り付けられる。リムと外枠がひとつにプレスされるというこの特殊な方法により，ピアノ全体を響板のように響かせる効果を生み出している。

(6) アクション

ピアノの構造では，響板がフレームに適切にはめ込まれていることを前提とすれば，アクションが最も重要なパーツである。1869年に考案されテオドールが特許を取得した「Tubular Metallic Frame」は今日も全てのスタインウェイに採用されている。完璧さ，正確さを備えた独自のアクションメカニズムは，切れのよい連打音をスムーズに演奏できるピアノとして広く知られている。ピアノをより微妙に，メリハリをつけて演奏できるようになったのは，反応のよいアクションが開発されてきたからである。ハンマーはフェルトと木片で構成された芯のまわりにウールの布を巻いて接着する。アクション部品は0.02インチ（0.05mm）の範囲内で機械加工される。その後切断機で薄切りにしてハンマーヘッドを作る。微調整，ドリルでの穴あけ，検査を経て高湿度の貯蔵室に置かれたあと比較的乾いたところで落ち着かせ，他のアクション部品と合体させる。ハンマーにつく金属の支持枠ははんだごてが使われるが，最近では無鉛のものが使われている。シャンマーヘッドが乾くと木製のハンマーシャンクにねじこまれる。1984年から7年間アクションを外部に委託していた。アメリカで最大のアクション製造会社はスタインウェイの従業員3人が南北戦争後に独立して興したもので，スタインウェイ以外のピアノ製造会社に卸していた。アクションにはブッシングという小さな軸さや（スリーブ）があり，そこに小さな金属ピンがはめられる。19世紀のピアノ製造会社はスリーブに薄手の布をつめていたが，温湿度のわずかな変化がアクションの動きを重くする恐れを抱えていた。そこで

5. スタインウェイのピアノの特徴　63

　スタインウェイは 1962 年にテフロン・ブッシングアセンブリーの特許を取り布に代わってテフロンの使用を開始した。人造品のため一定で手で削る必要がなくコスト削減にはなったが，木が秒長すると硬いテフロンを圧迫しアクションがきつくなった。これによってアメリカ国内では雑音などのクレーム，湿度の高い日本などでは弾きにくくなったと評判を落とすことになった。テフロンは素材としては優れていたが，フェルトのほうが扱いは簡単で，ピアノの調律師たちがテフロンの扱い方を知らず，ブッシングの修理方法がわからなかったこともピアノの調子を狂わせる原因だった。1982 年にウール布に戻されたが，ブッシング用のウールを浸す液体にはテフロンが使用されている。

　アクション部はキー本体につなげるために，アクションを支える金属枠とキーが載る目枠をボルトで留めつける。鍵盤はドイツの Kluger 社製で 1990 年代にスタインウェイが買収した。1956 年にニューヨークで製造するすべてのピアノの鍵盤を象牙からプラスチックに切り替え，1989 年まではハンブルグでコンサート・グランド・ピアノのみ象牙の白鍵を使っていたが，今はこれもプラスチック製になっている。アクションとキーの組み合わせには精密な測定が必要で，アクション部をぴったりはめ込むために棚板を 0.25 ミリの単位で調整する。その後キーとアクション部品の接点となるキャプスタンスクリューをまわして調整する。緑，青，茶，黄褐色のペーパーパンチングと呼ばれる厚さの異なる紙でキーの高さを調整していく。

　ハンブルグではアクションは製造していない。アクションの製造と組み立ては微妙な作業である。アクションの部品には木の小さなパーツが使われており，1,000 分の 1 インチの精巧さが求められる。部品には自社製と下請協力企業製の 2 種類がある。ハンマーに使われるフェルトも特別なものを使用しており，かなり厚みのあるものからカットしていく。組み立ては女性が携わり，リボンでつなぐ作業は手作業である。「部品をチェックする新しい機械を 3 年前に導入した」というように，伝統製法にこだわりながら少しずつ新しい機械を取り入れている。弦のピンを立てるところは手で削る。機械でもできるが，手のほうがコントロールしやすいという。弦は 2 人（忙しいと

きには3人）で張られている。

　他社に比べ張力が低いスケールデザイン，弦の倍音を有効に活用するデュプレックス・スケール，フレームとリムを連結し弦圧を最適化するとともに高音域の響きをリムに伝えるサウンドベル，金属チューブに木材を充填したアクションレールおよびハンマー固定方法，レスポンスに優れたエルツ式のウイペンなどが特徴である。

(7) 鍵盤と棚板

　スタインウェイの鍵盤は水平ではなく，中央が高く両端が低くなっている。一方で鍵盤の下にある棚板は鍵盤と反対方向に反らせてある。鍵盤の両端にある拍子木を下からしっかりネジで締め，鍵盤と棚板を密着させている。これは，鍵盤とアクションを乗せたことで中央部分が下がる棚板の変化を最小限に食い止めるためである。遊びのある棚板と2枚の板を貼りつけるノウハウはスタインウェイ独自のもので，これにより演奏したときに鍵盤からハンマーまで直結することになり，力が逃げなくてすむ。

(8) ペダル

　スタインウェイでは，ペダルにも独自の構造を持つ。ダンパーペダル（右ペダル）は，一般のピアノが弦に水平にダンパーが上がるのに対し，スタインウェイは弦との接触面が微妙に変化しながら持ちあがる。このため，ハーフペダルなどペダリングを駆使することでの多彩な音色を可能としている。

　ソフトペダル（左ペダル）は，一般のペダルに比較して程よい抵抗力があるのが特徴である。ソフトペダルを踏むと鍵盤部分が右にスライドするが，抵抗力を軽くし過ぎないことで，ソフトペダルを細かく踏みわけ多彩な音色を出すことを可能としている。

(9) 整調・整音

　ピアノは防音室で低めに調律された後，打弦室で1秒間に4回強打する機械にかけ鳴らされる。これは「どのキーも安定するようにで，ブランド

ニューは好まれない」[57]という。そしてダンパーペダル機構とダンパーを取り付けられたピアノは，ソステヌートペダルをつけて念入りに調整を加えていく。そして整音部門で，整調師のもとで音色と音量が調整され，ピアノの音は個性豊かに調律されていく。何種類もある紙ヤスリで丁寧に微調整されていく。整調，整音，下整音により「ピアノが楽器になる瞬間」[58]である。アフタータッチは 0.64～1.52mm とテキストには書かれているが，実際には測定ではなく職人の経験による勘で調整されていく。

(10) 研磨

組み立てが完了したピアノは，再度分解され，作業中についた小さな傷や汚れを取り除いて，鍵盤が磨かれ，大屋根の塗料は紙ヤスリで研磨して，全体がチェックされ組み立てなおして，検査され，さらに少し手直しが加えられて，顧客に渡る最終製品に仕上げられる。ニューヨークでは手で磨かれている。あまりピカピカにしない絹のように磨くことが大切だという。昔はハンドラブと呼ばれ，黒人の手の脂がポリッシュにちょうど良いと言われていた[59]。

さらに，スタインウェイはピアニストの手に渡り，楽器としていっそう磨きがかけられていく。

(11) スタインウェイの特徴についてのまとめ

スタインウェイのピアノは 1 台が 9 カ月[60]から 1 年[61]かけて作られており，1 日の出荷台数はわずか 10 台である。19～20 世紀に生産性の向上をもたらした自動化によるヤマハのような流れ作業方式を採用せず，150 年たった今も昔と同様に年間製造 4,000 台[62]のペースを保っている。現在は「アメリカでの生産が年間約 2,400 台[63]，ハンブルグが約 1,300 台である」[64]。「作業の 85％が手工芸」[65]で，これまでにスタインウェイで生産されたピアノは総数で 59 万台弱[66]となっている。昔は手作業だった部分に電気ドリル，コンピューター[67]などの機器は利用するようになったが，その導入は緩やかで「アメリカの工場長は 40 年程スタインウェイで働き 13 年前から工場長をし

ているが，古い人で機械化は拒絶している」という[68]。一方で「ハンブルグの工場長は30歳位の人に代わって，大学で木工を学んだので機械化に関心がある」[69]という。このように工場長の方針により，機械化の度合いや使用する機器も，ニューヨークとハンブルグでは異なる。ニューヨークとハンブルグの製法に違いが出るようになったのには，「1880年代から1890年代にかけてはニューヨークから半製品を運んでいたが，次第に独自の方法を見つけるようになり，1900年から1910年にかけて独自の技術を見いだしていった。独自の方法がはじめからあったわけではなく，ニューヨークが1895年に一部の半製品の供給をやめ，1907年には部品を送ることを全くやめたという経緯があった」[70]。

　スタインウェイの現場ではマイスター制[71]を導入しており，ピアノ作りのノウハウは基本的に現場で教えられてきた。今でも「設計図は金庫にしまわれている」[72]という。ドイツにはピアノを一人で作ることができるというピアノメイキング・マイスターの資格制度がある。ハンブルグ工場では17名程度の中学卒インターンを採用し，近くの学校でピアノのマイスターの資格を取得させている。ピアノ・マイスターにとって，最も重要なのは「全体像，最終のイメージ」[73]であるという。スタインウェイのピアノは12,000以上の部品を使用し，製造は「1,000以上のオペレーション」[74]により構成されている。塗装も入れると20工程弱に分け，セクションごとにマイスターを置いている。木工や整音にも専門のマイスターを置く[75]が，特に耳と感性が要求される「整音は若くないとだめ」[76]だという。職人の持場は特性により振り分けられる[77]。リクルートは積極的におこなっているわけではないが，木工や整音には従業員の兄弟姉妹など家族が多いという[78]。

　スタインウェイと他社の違いは，フレームと響板が一体化していること，響板の厚さ（中央部で厚く周辺にいくほど薄くなっている），支柱（1970年頃まで一本の松材でできておりピアノの長寿命を支える役割を果たしてきた），支柱と本体との接点（接着剤を使用せずダボ3本を打ち込んである），フレームの軟らかさ，張力の弱さ，クラウン[79]などにある。ボディは，響きが1点に集中しないとOKが出ない。1872年にスタインウェイで発明され

たデュプレックス・スケールは，倍音共鳴を発するためのもので，弦が自由に振動する範囲の前後の部分の共鳴を加える（5度とオクターブを出す）ことで敢えて倍音を出しているが，デュープレックスにはネジや釘は使われておらず，ピンブロックもまわりと触れていないのが特徴である。ヤマハ[80]も含め一般の普及ピアノはこれが触れているために，濁った音になる。

　このように長い歴史を経て積み重ねて作られたのがスタインウェイ・システムと呼ばれる製法であり，「スタインウェイ・システムとは，特許100のシステムである」[81]。GEでの作業長・品質管理の経験を持つスタインウェイのホルバチョフスキによれば「誰が何に取り組むにせよ，微妙な違いがでる―どの職人にも，その人なりの木の扱いというものがある」[82]。従業員には出来高制ではなく，労働時間に応じて給料を支払う。許容誤差を固守しており，プラスマイナス0.076ミリの誤差で削る。通常家具工では0.4ミリ，大工なら1.6ミリである。さらに自社工場でおこなっていたものを外部の供給業者に発注する下請契約をおこなっている。文書化された作業マニュアルも存在しない。工員は20年，30年と同じ仕事を受け持ち，前任者のやり方を詳細に観察することで仕事を覚え，先輩から知識を受け継いできた。「口伝」で指示されるのが工場の伝統の一つでもあり，工員の移民の多さからもドイツ語，イタリア語，スペイン語などさまざまな言語で伝えられてきた。マニュアルがないことは，スピンオフ企業による競争を防ぐ役割も果たしている。製造工程では，「多様なパーツを一つにまとめることが最も難しい」[83]という。熟練した職人たちがそれぞれのアイデンティティを持ちながら，トータルな個性をもつスタインウェイ・サウンドを作っていく。「強さ，力あるベース，メロディック，ベルのような響き，透明感，サステインペダル」[84]がスタインウェイの特徴である。

6. まとめ

　ピアノは12,000以上の部品[85]から構成されており，「メカニカルな楽器として進化してきた」[86]。さらに，ピアノの楽器としての特性は「音が癖につ

ながっていく。演奏者の癖がうつっていく。うまい人ほど移っていく。」[87]ところにある。最終製品は，音楽家が作り上げるわけである。

日本ではスタインウェイの 99.9%[88]がハンブルグ製のものである。日本ではドイツで学んだピアニストが教えてきたために，日本のピアニストにはスタインウェイというとハンブルグ製の音色やタッチが馴染まれている。「スタインウェイは近くだとビリと呼ばれる金属音がする。しかし遠鳴りがして，抜けてこない音はない。オーケストラとの共演だと抜ける音が必要で，ピアニッシモがきちんと聴こえてくる」[89]。スタインウェイ・ジャパンの鈴木氏はヤマハにおいて川上社長の秘書室長，ヤマハアメリカの社長の経験もあるが，「ヤマハはよいものを試作するが，製造ラインには乗らない」と語る。設計図から入るヤマハは歩留まり率が重視され，クレームのこない設計図を書くことが迫られる。ヤマハは楽器業界において世界最大手であるからこそ，均一性の高い楽器を作り込む必要があるとも言える。逆に，スタインウェイが重視するのは個性ということになる。

もっともスタインウェイも，CBS が売却した 1985 年以降，品質が低下したという声が聞かれる。利益重視に転換しハイテク技術を使用した結果，音量のバランスを失い，豊かな音色が出しにくくなって，スタインウェイならではの個性を失ったのではないかと疑問視もされている。このような中で，「古いスタインウェイがスタインウェイの競合」[90]だと言われる。「音楽表現力は今のピアノのほうがあるが，中古の中でも製造番号 43 万代のものが最もよいと言われている。」[91]古いスタインウェイは，年間 300 台がアメリカの工場で再生されている。スタインウェイのピアノについては，「採算を取るか，音を取るかによって，よくない時期もあるが，ばらつきがあるのが幸い」[92]でもある。新製品と中古品をニーズによって提供しわけながら，スタインウェイのピアノを世界に普及させている。

スタインウェイの職人が持つクラフトマンシップとは「魂」であり，「極めるには 20 年かかる。寿司職人と似ている。」[93]という。修復しているとボディに昔作った個人の名前が書かれていることもあるように，「製作が個人に依存されているのは，ヤマハとの大きな違い」[94]でもある。熟練した職人

がプライドと責任を持って作りあげているのが，スタインウェイのピアノであり，それ故に音楽家との信頼関係を築き続けているのである。

注

1 スタインウェイ＆サンズ社「スタインウェイの歴史」。
   http://www.steinway.co.jp/about/history/ （2013.6.20 参照。）
2 鉄骨フレーム，アクション，鍵盤は委託している。
3 ジョン・オスボーン。
4 正式には "Great Exhibition of the Works of Industry of All Nations" と呼ばれるクリスタルパレスで開催されたこの博覧会は，欧米両大陸の企業にメダルを与えられる初の大ピアノ・フェアであった。当時はカウンシル・メダル（Council Medal）と賞メダル（Prize Medal）の区分があった。"The Piano," Routledge, 131 頁参照。
5 西原（1995）34 頁。
6 松尾楽器商会 "STEINWAY NOTE"。スクエアフォルテピアノとは Tafelklavier のこと。
7 Lieberman（1995）邦訳版，8 頁。
8 それ故，アメリカでの最初のピアノは製造番号 483 がつけられ，500 ドルで販売された。
9 喜多克己（1988）「アメリカ移民統計と『非合法』外国人労働者」『日本統計研究所報』(15), p.28.によれば，1841 年から 1860 年までの流入移民数は約 431 万人である。
10 1880 年ニューヨーク州の人口 1,206,299 人(the US census 資料)。
11 父親のハインリッヒ 53 歳と妻ジュリー 46 歳，及び子供たちドレッタ 22 歳，ハインリッヒ・ジュニア 19 歳，ミーナ 17 歳，ヴィルヘルム 15 歳，ヘルマン 13 歳，アルブレヒト 10 歳，アンナ 7 歳。
12 1850 年 10 月。
13 Lieberman, 前掲書，13 頁。
14 同上，13-15 頁。
15 1864 年までは法律上はスタインヴェクを使用していた　Lieberman, 前掲書，16 頁。
16 Barron（2006）邦訳版，153 頁。
17 フランク・レスリーズ・イラストレーテッド紙記者の言葉　Lieberman, 前掲書，20 頁。
18 Lieberman, 前掲書，17 頁。
19 スタインウェイ社ニューヨーク工場品質ディレクター Robert Berger 氏。
20 Steinway A New York Story, 10 頁。
21 Lieberman, 前掲書，25 頁。
22 ブラウンシュヴァイクでの事業はグロトリアン，ヘルフェリッヒ，シュルツの 3 人の従業員に売却され「C.F.セルドア・スタインヴェグの後継者」の名で 10 年間会社を続けることを許した。
23 坂上茂樹・坂上麻紀（2010）「近代ピアノ技術史における進歩と劣化の 200 年」大阪市立大学経済学部 "Discussion paper No.59" 2010.7.8, 224 頁。
   http://dlisv03.media.osaka-cu.ac.jp/infolib/user_contents/kiyo/111C0000001-59.pdf （2012.10.20 参照。）
24 1891 年にカーネギーホールが設立されるまで，25 年に渡りニューヨークフィルの本拠地でもあった。
25 ブロードウッド，プレイル，ベヒシュタインなど。
26 1860 年　ヘンリー・ジュニアが交差弦式グランド・ピアノの設計で特許。

70　第 2 章　スタインウェイの技術経営とブランドマネジメント

27　この合金は後に，スタインウェイの鋳物工場で生産されるようになる。
28　ヘンリー・ジュニアを中心に開発された響板や鍵盤などを含め全体をまとめてスタインウェイ・システムと呼ばれたが，まもなく米国システムと呼ばれるようになる。
29　スタインウェイ＆サンズ社「スタインウェイの歴史」。
　　http://www.steinway.co.jp/125thanniv/history.html（2012.10.20 参照）。
30　Barron，前掲書，95 頁。
31　1881 年までに 130 軒の家が建てられた。
32　それでも 1895 年にはアストリアは人口 7,000 人の独立したビレッジとなり，住民はスタインウェイにより何らかの恩恵を受けていた。
33　Lieberman，前掲書，197 頁。これをピークに生産台数は下降していく。
34　同上，271-271 頁を参照のこと。
35　同上，434 頁。
36　1960 年代にテキサコに買収される前のニュー・イングランド最大の石油販売会社　ホワイト・フエル社のオーナー。
37　売却金額は約 4 億 3,800 万ドルであるという（「米高級ピアノ老舗，スタインウェイが身売り」『日本経済新聞』2013 年 7 月 2 日夕刊，p.3，及び「Kohlberg to Acquire Steinway Musical Instruments Stockholders to Receive \$35.00 per Share」。
　　（http://www.steinwaymusical.com/images/newsfiles/189077Kohlberg%20to%20Acquire%20Steinway%20Musical%20Instruments.pdf）（2013.7.20 参照）。
38　スタインウェイ・ジャパン　鈴木達也相談役。
39　同上。
40　同上。
41　村上（2010）61 頁。
42　スタインウェイ＆サンズ社ハンブルグ工場プロダクトサービスマネジャー Hartwig Kalb 氏。
43　村上，前掲書，63 頁。
44　「オハイオで生産している。（NY）プラドリュートを買収して作らせている」（鈴木達也氏）。
45　ドイツはレンナー社に委託。
46　島村楽器，STEINWAY の秘密 Vol.3 「音の命『リムと響板』の秘密」（2009.10.1 参照）。
47　Barron，前掲書，28 頁。
48　鈴木達也氏。
49　ニューヨーク工場では，調整室は少しずつ湿度の違う部屋（15 部屋ある）で調整する。
50　Barron，前掲書，105 頁。
51　「塗装は車の塗装屋と行き来がある」（鈴木達也氏）。
52　「アラスカの原生林（プライム）を使っていたが，現在は植林したセカンドで 50 年しかたっていない。250 年置く必要がある。財団を作り，伐採したら植林している。」（鈴木達也氏）。
53　Robert Berger 氏。
54　鈴木達也氏。
55　「時間が経つとこのアーチが落ちてくるために音の伝導率と耐久性が落ちてくる」（鈴木達也氏）。
56　鈴木達也氏。
57　Robert Berger 氏。
58　Barron，前掲書，267 頁。
59　日本では鯨，アメリカでは牛，ドイツでは豚の脂が使われる。
60　Robert Berger 氏。

61 鈴木達也氏。
62 同上。
63 「グランド・ピアノ 2,000 台，アップライト 1,000 台以下（300〜400 台）」（Robert Berger 氏）。
64 「従業員はハンブルグが 450 人で年間 1,300 台，ニューヨークが 600 人で 2,400 台を生産している。」（鈴木達也氏）。
「ピアノ製造に 250 人，販売，プロダクション，エンジニア 80 人」（スタインウェイ＆サンズ社ハンブルグ工場プロダクトサービスマネジャー Hartwig Kalb 氏）。
65 鈴木達也氏。
66 全てのピアノに製造番号がつけられている。
67 「昔は隠し板を入れていたものを今はコンピューターでできるので隠し板を入れなくてもぴったりできる」（鈴木達也氏）。
68 鈴木達也氏。
69 同上。
70 Hartwig Kalb 氏。
71 ドイツでは，ピアノメイキング・マイスターという国家資格があり，一人でピアノを製作できることが求められる。ドイツでは 17 人位の中学卒業のインターンを取り，近くの学校に通わせてマイスターの国家資格を取らせている。
72 鈴木達也氏。
73 同上。
74 Robert Berger 氏。
75 「はじめの木工や側板の部分は人が決まっていて（体が大きいなど），部品として考えている。」（鈴木達也氏）。
76 鈴木達也氏。
77 「インターンをさせればすぐにわかる。例えば耳が悪ければ音あげ（音叉と同じ）から始めて何年もやらせ，その中で育っていけば少し上の技術に関わらせる。」（鈴木達也氏）。
78 Robert Berger 氏。
79 腹巻の部分。
80 「ヤマハも CD 3 Y だけは異なる。」（鈴木達也氏）。
81 鈴木達也氏。
82 Barron 前掲書，91 頁。
83 Robert Berger 氏。
84 同上。
85 グランド・ピアノの場合（スタインウェイ・ジャパン「スタインウェイの秘密」）
http://archive.steinway.co.jp/himitsu/index.html （2013.6.20 参照。）
86 Robert Berger 氏。
87 鈴木達也氏。
88 「ニューヨークで勉強したピアニストがニューヨーク製を購入する場合もある。」（鈴木達也氏）。
89 鈴木達也氏。
90 同上。
91 同上。
92 同上。
93 同上。

94　同上。

2章の主な参考文献

Barron, J. (2006), *Piano : The Making of a Steinway Concert Grand*, Times Books.（忠平美幸訳（2009）『スタインウェイができるまで』青士社。）

Connick, Jr. H., Aimard, P-L, Grimaud, H., H. Jones, and Lang Lang. (Actors) Niles B. (Director) (2009), *Note By Note : The Making of Steinway L1037* (2007), DVD, DOCURAMA.

林田甫・竹村晃（1997）「ピアノの歴史」『日本機械学会誌』Vol. 100, No.941, 87-89頁。

Hoover, C. A. (1981), "The Steinway and Their Pianos in the Nineteenth Century", offprint from *Journal of the American Musical Instrument Society*, Vol. Ⅶ, 1982, pp.47-64.

Lieberman, R.K. (1995), *Steinway & Sons*, New Heaven : Yale University Press.（鈴木依子訳（1998）『スタインウェイ物語』法政大学出版局。）

磯崎善政（1997）「楽器とトライボロジー(3)　楽器研究への誘い(2)　ピアノの歴史, 音楽, 技術」『トライボロジスト』第42巻, 第8号, 53-58頁。(659-664頁。)

前間孝則・岩野裕一（2001）『日本のピアノ100年　ピアノづくりに賭けた人々』草思社。

松本影（2002）「鍵盤楽器の文化史：チェンバロとクラヴィコードを中心に」『バイオメカニズム』(16), 1-10頁。

村上和男, 永井洋平（2010）『楽器の研究よもやま話: 温故知新のこころ』静岡学術出版理工ブックス。

西原稔（1995）『ピアノの誕生』講談社。

大木裕子（2010）「欧米のピアノ・メーカーの歴史〜ピアノの技術革新を中心に〜」京都産業大学『京都マネジメント・レビュー』第17号, 1-25頁。

音楽現代「特集　ダイジェスト音楽史－楽器・ホール・録音etc.」2004.8 34(8) (400), 81-113頁。

Smithsonian Production & Euro Arts Music International (2007), *300 Years of People and Pianos*, DVD.（山崎浩太郎解説「ピアノ, その300年の歴史」。）

参考資料2-1：スタインウェイ社の取得した主な特許

	USP	特許名	改良点	発明者	部分
1857.5.5	17238	Grand Piano Action	模型アクションのレピティション機構＊	Henry Steinway, Jr.	
1858.6.15	20595	Grand Piano Action		Henry Steinway, Jr.	
1859.11.29	26300	Plate Flange with Agraffes		Henry Steinway, Jr.	
1859.12.20	26532	Grand Overstringing	交叉弦方式　駒を響板の中央部に配置＊	Henry Steinway, Jr.	①
1861.5.21	32386	Grand Piano Action		Henry Steinway, Jr.	
1861.5.21	32387	Grand Piano Action		Henry Steinway, Jr.	

参考資料　73

1862.4.8	34910	Grand Piano Action		Henry Steinway, Jr.	
1866.6.5	55385	Double Iron Frame Upright Piano		William Steinway	
1868.8.18	81306	Upright Piano Tubular Metallic Action Frame		C.F. Theodor Steinway	
1869.4.6	88749	Sound Board Dowels		C.F. Theodor Steinway	
1869.8.10	93647	Grand Piano Tubular Metallic Action Frame	金属製アクション台＊	C.F. Theodor Steinway	
1869.12.14	97982	Double Iron Frame Bridge	高域から低域まで連続曲練形状の駒	C.F. Theodor Steinway	①②
1871.6.6	115782	Grand Piano Action with Counter Spring		C.F. Theodor Steinway	
1872.5.14	126848	Duplex Scale	後方弦（余弦部）の有効長部の振動の調和化＊	C.F. Theodor Steinway	②
1872.5.28	127383	Grand Piano Construction Copula Plate	アーチ状端部形状でフランジを設けたフレームのタボを介した取り付け構造＊	C.F. Theodor Steinway	③
1880.10.26	9431	Grand Piano Construction Copula Plate（再）		C.F. Theodor Steinway	
1872.5.28	127384	Upright Construction Copula Plate		C.F. Theodor Steinway	
1873.2.11	135857	Reinforced Soundboard Ribs		C.F. Theodor Steinway	
1874.10.27	156388	Sostenuto Pedal Square	ソステヌート機構＊	A. Steinway	
1875.6.1	164052	Grand Piano Sostenuto		Albert Steinway	
1875.6.1	164052	Upright Piano Sostenuto		Albert Steinway	
1875.6.1	164053	Sostenuto device		Albert Steinway	
1875.11.9	DES8782	Centennial Grand Piano Plate Design		C.F. Theodor Steinway	

1875.11.30	170645	Capttan		C.F. Theodor Steinway	
1875.11.30	170646	Grand Piano Capo d'Astro Agraffe	弦枕構造*	C.F. Theodor Steinway	②
1875.11.30	17647	Centennial Grand Piano Plate		C.F. Theodor Steinway	
1876.6.13	178565	Nosebolt	フレームとケース体の連結：フレーム体の置換可能，対駒高調整可能	C.F. Theodor Steinway	③
1876.8.1	180671	Soundboard Bind Bar	高音域響板取り付け構造*	C.F. Theodor Steinway	②
1877.5.8	190639	Silent Keyboard Device		A. Steinway	
1877.11.3	7950	Upright Piano Tubular Metallic Action Frame（再）		C.F. Theodor Steinway	
1878.5.21	204106	Grand Piano Case Constraction	曲練補強支柱を一点で連結結合；主として高域部のケース対補強	C.F. Theodor Steinway	③
1878.5.21	204107	Upright Piano Double Key		C.F. Theodor Steinway	
1878.5.21	204108	Upright Piano Screwed-on Capo Bar		C.F. Theodor Steinway	
1878.5.21	204109	Agraffe		C.F. Theodor Steinway	
1878.5.21	204110	Pulsator	低域領域に響棒連結サブ響棒	C.F. Theodor Steinway	①
1878.5.21	204111	Upright Piano Duplex Capo d'Astro Bar		C.F. Theodor Steinway	
1878.7.2	DES 10740	Grand Piano Case Design		C.F. Theodor Steinway	
1878.7.2	DES 10741	Upright Piano Case Design		C.F. Theodor Steinway	
1878.7.2	205696	Upright Piano Repetition Hammer Butt		C.F. Theodor Steinway	
1878.7.17	KP 4372	Grand Piano Construction		C.F. Theodor Steinway	

参考資料 75

1878.7.17	KP 4435	Upright Piano Construction		C.F. Theodor Steinway	
1879.7.22	217828	Keyframe Regulating Screw		C.F. Theodor Steinway	
1879.9.2	219323	Treble Keyblock Regulating Screw		C.F. Theodor Steinway	
1879.12.30	9012	Upright Tubular Metallic Action Frame（再）		C.F. Theodor Steinway	
1879.12.30	9013	Grand Piano Tubular Metallic Action Frame（再）		C.F. Theodor Steinway	
1880	9431		GP ケース底板補強構造により鉄フレーム補強：主として高域で耐張力増	C.F. Theodor Steinway	②③
1880.4.13	226462	Upright Action and Frame		C.F. Theodor Steinway	
1880.6.22	229198	Rim Bending Screw	曲げ練り成型装置＊	C.F. Theodor Steinway	
1880.7.6	DES 11856	Upright Piano Case Design		C.F. Theodor Steinway	
1880.7.20	230354	Upright Piano Construction Bent Rim		C.F. Theodor Steinway	
1880.8.24	231629	Hammer Staple		C.F. Theodor Steinway	
1880.8.24	231630	Hammer Waterproofing		C.F. Theodor Steinway	
1880.10.5	232857	Upright Keybed Construction		C.F. Theodor Steinway	
1880.10.26	233710	Laminated Long Bridge	練り合わせ駒構造＊	C.F. Theodor Steinway	①②
1883.1.23	270914	Grand Action with Support Spring		C.F. Theodor Steinway	
1885.3.31	314740	Grand Treble Bell	フレーム取り付け構造；高域で耐張力増, 音色向上	C.F. Theodor Steinway	②
1885.3.31	314741	Antifriction Trapwork		C.F. Theodor Steinway	

1885.3.31	314742	Grand Case Construction Double Cupola Plate	曲げ練り支柱構造ケース*	C.F. Theodor Steinway	③
1885.4.7	315447	Upright Desk Panel		C.F. Theodor Steinway	
1888.2.28	378486	Upright Desk		H.Ziegler	
1889.8.13	408868	Upright Desk		H.Ziegler	
1893.11.21	509110	Upright Plate		H.Ziegler	
1893.11.21	509111	Upright Plate		H.Ziegler	
1895.1.8	KP 90821	Upright Construction		H.Ziegler	
1895.1.8	532257	Upright Plate		H.Ziegler	
1897.11.2	593039	Upright Soundboard Support		H.Ziegler	
1898.10.11	612222	Upright Soundboard Support		H.Ziegler	
1899.10.3	634282	Grand Plate Nose		H.Ziegler	
1903.2.3	719977	Upright Plate		H.Ziegler	
1907.5.28	855143	Upright Case with Swinging Panel		F.T.Steinway	
1908.2.11	878926	Upright Plate		H.Ziegler	
1878.7.18	998422	Upright Sliding Keylid		T. E. Steinway	
1917.1.30	1214237	Grand Sostenuto	ソステヌート機構（模型）*	T. E. Steinway	
1923.6.19	1459355	Tracker Board		P. H. Bilhuber	
1931.10.13	1826848	Key Mounting (Acc. Action)		F. A. Vietor	
1932.7.19	1867788	Hardened Capo Rib	フレーム弦支持部表面硬度増加（熱処理），音色向上	Stanley Weber	②
1932.11.19	DRP 564549	Key Mounting		F. A. Vietor	
1933.12.26	1941423	Hardened Capo Rib		Stanley Weber	
1934.7.3	1965360	Agraffe	アグラフ；フレーム凹孔に外周底面部で密着。円弧状挿通孔	T. E. Steinway	①
1934.9.4	1972511	Duplex Scale		P. H. Bilhuber	
1935.12.31	2025933	Agraffe		P. H. Bilhuber	

参考資料　77

1936.2.25	2031748	Key Leading (Acc. Action)		F. A. Vietor	
1936.7.21	2048368	Steel Capo Rib		P. H. Bilhuber	
1936.8.18	2051633	Diaphragmatic Soundboard and Mounting	円形膜的挙動を示す響板体構造*	P. H. Bilhuber	①
1937.2.9	2070391	Diaphragmatic Soundboard and Mounting	円形膜状挙動響いた；中央部厚く周辺薄い。響台構造，フレーム取り付け；響板中央部駒配置　駒底部カーブ響板クラウンに対応，張弦時に応力バランス	P. H. Bilhuber	①
1937.4.27	Des 104302	Upright Case Design		W. Zaiser	
1937.7.7	DRP 647554	Duplex Scale		P. H. Bilhuber	
1937.8.15	DRP 707489	Return Soundboard		P. H. Bilhuber	
1938.2.8	2107659	Grand Return Soundboard		P. H. Bilhuber	
1938.6.21	2121008	Loudspeaker Mounting		P. H. Bilhuber	
1938.8.30	Des 111101	Piano Design		Everett Worthington	
1938.9.23	Geb 1450252	Touch Weight Regulating Device		Steinway & Sons Hamburg, Germany	
1938.11.1	2134680	Grand Top Sound Deflector		Dunbar Beck	
1939.3.7	Des 113628	White House Case		Eric Gugler	
1939.3.7	Des 113629	White House Lyre		Eric Gugler	
1939.3.7	Des 113630	White House Leg		Eric Gugler	
1944.1.11	2338992	Operating Means for Piano Actions		P.H. Bilhuberv	

第2章 スタインウェイの技術経営とブランドマネジメント

1944.1.25	2339752	Piano Pin Block	フレームとピン板間に防湿層，ピン板外周に防湿層；保持力増，そり防止	P. H. Bilhuber	②
1944.3.28	2345025	Securing Means for Adhesively Held Parts		George Beiter	
1945.9.4	2384347	Cage Nut Tool		Michael Schutz	
1945.9.25	Can 430209	High Frequency Molding		P. H. Bilhuber	
1945.11.27	Can 431548	Apparatus for Edge Gluing Strip Elements		P. H. Bilhuber	
1947.2.12	GB 585591	Soundboard		P. H. Bilhuber	
1947.2.12	GB 585870	High Frequency Molding		P. H. Bilhuber	
1948.11.9	2453185	Apparatus for Edge Gluing Strip Elements		P. H. Bilhuber	
1950.11.14	2529862	Soundboard	木材調整方法（圧縮・電熱板加熱）；均質で吸湿性の少ない木材，円形膜的挙動	P. H. Bilhuber	①
1950.11.14	Can 489670	Soundboard		P. H. Bilhuber	
1953.1.13	Des 174477	Grand Piano		Teague & Jerabek	
1955.4.12	2911874	Touch Regulator		Walter Gunther	
1959.11.10	1064325	Touch Regulator		Walter Gunther	
1963.2.4	3091149	Wrestplank (Hexagrip)	木理180-90-45度交差積層ピン板構造＊	Frank Walsh	②
1966.3.15	3240095	Permafree Action		Theo. D. Steinway	
1976.5.9	3942403	Bushing for Piano Action		Jos. J. Pramberger	

1983.6.7	4386455	Permafree Bushing Cloth		Walter Drasche	
1991		New design grand piano		Wendell K. Castle	
1992.6.30	5125310	Hammer and Method of Making Same		James M. Lombino	
1993.2.2	5183955	Piano Key Covers		Salvadore J. Calabrese 他	
1996.4.23	5509344	Surface		Salvadore J. Calabrese 他	
1996.4.30	5511454	Escapement Action		Marvin S. Jones 他	
1997.8.5	5654515	Key Leveling		William S. Youse 他	
1999.6.8	5911167	Escapement Action		William S. Youse 他	
2000.2.1	6020544	Sostenuto Assembly		Marvin S. Jones 他	

村上（2010）p.62 表1, p.63 表2, Forte Piano Company "SteinwayPatents"[1], I love Steinway[2]（Ratcliffe, R., Isacoff, S., *Steinway*. San Francisco: Chronicle Books, 2002.）をもとに作成

　　＊はスタインウェイがカタログで揚げている重要特許
　　「部分」①～③ は以下に関するものを指す。
　　①低・中音域の音色を豊かにしてダイナミックレンジを広げること
　　②高音域の音色を豊かにして伸びを良くすること
　　③構造強度を高め、楽器全体が良く響くようにすること

注 1　http://pianosteinway.com/Piano/Patents/Steinway-patent-1.html（2012.10.1 参照。）
　 2　Michael Sweeney Piano Craftsman, Website. http://www.ilovesteinway.com/steinway/parts/steinway_patents_1857_1874.cfm（2013.6.20 参照。）

参考資料 2-2 スタインウェイの家系図

Henry Engelhard Steinway *1797-1871*

- **C.F.Theodore** *1825-1889*
- **Doretta** *1827-1900*
  - **Louisa Ziegler** *1851-1890*
    - Julia Cassebeer *1851-1890*
    - Henry Cassebeer *1854-1893*
    - Theodore Cassebeer *1855-1921*
    - Edwin Cassebeer Sr. *1857-1930*
  - **Charles Ziegler** *1854-1893*
  - **Julia Ziegler** *1855-1921*
    - Herman Schmidt *1876-1939*
    - Paul Schmidt *1878-1950*
    - J.R. Walter Schmidt *1861-1882*
    - Gertrude Schumidt *1885-1968*
  - **Henry Ziegler** *1857-1930*
    - Eleanor Ziegler *1883-1902*
    - Frederick Ziegler *1886-1966*
- **Charles G.** *1829-1865*
  - **Henry W.T. Steinway** *1856-1939*
  - **Charles H. Steinway** *1857-1919*
    - Arthur Steinway *1886-1889*
    - Madeleine Steinway *1890-1890*
    - Charles Steinway *1892-1969*
    - Marie Steinway *1894-1954*
  - **Frederick Steinway** *1860-1927*
    - Florence Steinway *1913-1977*
- **Henry Jr.** *1830-1865*
  - **Lillian Steinway** *1860-1904*
    - Hans von Blumenthal *1884-1915*
    - Marie von Blumenthal *1887-?*
    - Mathias von Blumenthal *1888-1945*
  - **Anna Steinway** *1861-1906*
  - **Clarissa Steinway** *1864-1955*
- **Wilhelmina** *1833-1865*
  - **Louisa Vogel** *1853-1889*
    - William Deppermann *1879-1973*
  - **Clara Vogel** *1855-1856*
  - **Anna Vogel** *1861-1861*
  - **Albertine Vogel** *1863-1934*
    - Eleanor Ziegler *1883-1902*
    - Frederick Ziegler *1886-1966*
  - **Henry W. T. Candidus** *1867-1902*
    - William Candidus *1895-1920*
  - **Johanna Candidus** *1868-1929*
    - Addie Griepenkerl *1892-1905*
    - Anna Griepenkarl *1894-1927*
  - **Gustav Candidus** *1874-1907*
    - Henry Candidus *1904-1959*
    - Gustav Candidus Jr. *1907-1907*
- **William** *1835-1896*
  - **George Steinway** *1865-1898*
    - Ottilie Steinway *1889-1902*
    - Clara Steinway *1890-1929*
    - Gertrude Steinway *1892-1969*
  - **Paula Steinway** *1866-1931*
    - Meta von Bernuth *1890-1980*
    - William von Bernuth *1892-1951*
  - **William R. Steinway** *1881-1960*
  - **Theodore E. Steinway** *1883-1957*
    - Theodore Steinway *1914-1982*
    - Henry Z. Steinway *1915-2008*
    - John H. Steinway *1917-1989*
    - Frederick Steinway *1921-2004*
    - Elizabeth Steinway *1925-1993*
    - Lydia Steinway *1928-*
  - **Maud Steinway** *1889-1976*
    - Audrey Paige *1913-2011*
    - Shirley Paige *1917-*
- **Herman** *1836-1851*
- **Albert** *1840-1877*
  - **Henriette Steinway** *1867-1933*
    - Frederick Vietor *1891-1941*
    - Marie Vietor *1892-1960*
    - Carl Vietor *1895-1920*
  - **Ella Steinway** *1871-1948*
- **Anna** *1842-1861*

第3章
製品アーキテクチャ論から見たヤマハの楽器製造

1. はじめに

　世界の音楽製品市場は2011年実績で約160.3億ドルである[1]。国別にみると，米国市場が最も大きく66.3億ドル（世界シェア40.5％），次いで日本21.8億ドル（同13.4％），中国10.6億ドル（同6.5％），ドイツ10.2億ドル（同6.2％），フランス7.7億ドル（同4.1％）となっている。世界の音楽・オーディオ企業上位225社の合計では，売上高205億ドル，総雇用数は126,133人である。このうち日本企業は世界シェアの40.6％と奮闘している。中でも世界最大企業のヤマハは売上高45.5億ドルと，2位以下を大きく引き離している（図表3-1）。

図表 3-1　楽器産業の売上高上位企業（2011年実績）

	企業名	売上高（千ドル）	従業員（人）	国
1	ヤマハ	4,553,930	26,557	日本
2	ローランド	955,963	2,650	日本
3	河合楽器	741,785	2,900	日本
4	フェンダー楽器	700,000	2,800	アメリカ
5	ゼンハイザー	687,000	2,183	ドイツ
6	ハーマン・プロフェッショナル	613,282	1,875	アメリカ
7	シュア	427,000	2,350	アメリカ
8	スタインウェイ・ミュージカル・インスツルメンツ	347,000	1,750	アメリカ
9	KHS光學社	318,000	4,050	台湾
10	オーディオテクニカ	304,948	536	日本

　出典：MUSIC TRADE DECEMBER 2012"The Global 225.

楽器は，ピアノ，ヴァイオリン，フルートなどのアコースティック楽器と，エレキギターやシンセサイザーなどの電子楽器に大別されるが，アコースティック楽器においては，大半のメーカーが伝統的な技術を継承し，小規模な工房で職人による属人的な生産を続けている。各メーカーはそれぞれの楽器に特化しており，ピアノではスタインウェイ，ベーゼンドルファー，ベヒシュタインが御三家と呼ばれ，オーボエではフランスのマリゴやロレー，ファゴットではドイツのヘッケルといったメーカーが，フラグシップを握っている。

図表 3-2 主要楽器とフラグシップ・メーカー[2]

楽器	フラグシップ・メーカー
ピアノ	スタインウェイ，ベーゼンドルファー，ベヒシュタイン
ヴァイオリン	ストラディヴァリウス（17世紀：オールド・イタリアン）
フルート	ムラマツ
オーボエ	マリゴ，ロレー
クラリネット	クランポン
ファゴット	ヘッケル
トランペット	バック
トロンボーン	ゲッツェン，レッチェ
ホルン	アレキサンダー
サクソフォン	セルマー

出典：筆者作成。

図表 3-1 と図表 3-2 からは，楽器業界の売上高上位にランクされている企業が，フラグシップを握っている企業ではないことがわかる。冒頭に述べた世界の雇用総数から推察するに，フラグシップを握っている企業は大企業ではなく，楽器の分野ごとに特化された小規模な企業である。

楽器は 16〜18 世紀にヨーロッパで製造が始まったのに対し，ヤマハは 1888 年創業と後発であるが，幅広い製品ラインを持つフルラインメーカーに成長し，今日では圧倒的な規模の大企業となった。ヤマハの生産する楽器は，ピアノ，フルート，サクソフォン，トランペット，ドラム，ギター，シ

ンセサイザー，サイレント・ヴァイオリンと，鍵盤楽器から管楽器，打楽器，電子楽器まで多岐に渡っている。ヴァイオリン，オーボエ，クラリネットなど，木を材料とする楽器ではフラグシップを取れていないが，フルート，トロンボーン，サクソフォンなど金属管を使う楽器は，有名オーケストラの奏者も使用するなど，フラグシップ企業に並びつつある[3]。

ヤマハは，高度成長期の日本において音楽教室で音楽市場の拡大を図りながら，一方で楽器を普及すべく，学校を中心に販路を拡大してきた。音楽教室は国内に留まらず，欧米各地でも設立され，ヤマハユーザーを獲得してきた。また国内では，全国の学校にブラスバンドを作り，その指導者を派遣し，コンクールを開催することで，管楽器ユーザーを増やしてきた。

ヤマハが後発で参入した楽器では，既に伝統ある欧米メーカーがフラグシップを握っていた。例えばスタインウェイはピアノ，マリゴはオーボエといったように，多くの楽器メーカーがハイエンド・ユーザーを握っていた。このためヤマハは，クラシック音楽でも初心者から中級者にかけてのボリュームゾーンを中心顧客とし，さらにクラシックだけでなく，ジャズ・ポピュラーにもターゲットを広げ，さらに電子楽器やサイレント楽器の開発により，新しい顧客層の開拓を進めざるを得なかった。

もっとも，ヤマハの成長要因がマーケティング戦略（4章で詳述）だけにある訳ではない。広くユーザーに行き渡る製品の生産を確立したからこそ，世界一の楽器メーカーになれたのである。そこで，楽器業界においてなぜヤマハだけが大企業になることができたのかを探るため，本章では製造に焦点を当て，製品アーキテクチャの視点からヤマハを分析する。分析に使用したデータは，ヤマハ及び楽器業界に関する公表資料と，2007年〜2010年にかけて実施したヤマハ関係者，楽器業界関係者へのインタビュー・データ[4]である。

2. 製品アーキテクチャの研究

アーキテクチャとは，「人工物の機能的・構造的・工程的な分割と結合の

一般的な様式」（藤本 2009）と定義され，構成要素間の相互依存性からシステムの性質を理解する時に使われる概念である。このうち，製品機能要素間のつなぎ方を論じるのが「製品アーキテクチャ」，製品機能要素と生産工程要素のつなぎ方を論じるのが「工程アーキテクチャ」である（藤本・天野・新宅 2007）。本稿では，このうち製品アーキテクチャに焦点をあてる。製品アーキテクチャとは，より詳細に定義すれば「製品機能と製品構造のつなぎ方，および部品と部品のつなぎ方に関する基本的な設計思想のこと」である（Ulrich 1995, 青島 1998, Baldwin and Clark 2000, 青島・武石 2001, 青木・安藤編 2002 など）。

　製品アーキテクチャのタイプとしては，部品設計の相互依存度により，モジュラー（組み合わせ）型とインテグラル（擦り合わせ）型に分類される。前者は部品（モジュール）が機能完結的で，部品間の信号やエネルギーのやり取りがそれ程必要でないために，モジュール間のインターフェースは比較的シンプルですむ。一方後者は，機能と部品が「1対1」ではなく「多対多」の関係にあり，各部品の設計には微調整が必要で，相互に連携を図る必要がある。モジュラー型が部品間の「組み合わせの妙」によって製品展開を可能にするのに対して，インテグラル型は，「擦り合わせの妙」によって製品の完成度を競う（藤本 2001）。

　なおこの両者は理念型であり，実際の製品は，この間をスペクトル上に展開している（藤本・天野・新宅 2007）。また，ある製品がモジュラー的なのかインテグラル的なのかという議論は，どのレベルの部品の話かによって異なる。すなわち，ある製品がモジュラー型であると言うのは，製品機能・製品構造ヒエラルキーの比較的上位の1階層で強いモジュラー性が現れる製品のことだと言える（藤本 2001）。

　一方で，複数企業間の連携関係という視点からアーキテクチャは，クローズ型とオープン型に分類することができる。クローズ型とはモジュール間のインターフェース設計が一企業内で閉じているもの，オープン型とは基本モジュール間のインターフェースが，企業を超えて業界レベルで標準化されたものを指す[5]。

産業ごとのアーキテクチャを分析した藤本・安本編（2000）によれば，インテグラル型は，部品間の調整により製品の機能が向上するが，日本企業の強みは，その調整を効果的・効率的に行える能力にある。インテグラル型製品の設計・開発プロセスには，緊密な組織連携や濃厚なコミュニケーションを必要とされ，長期雇用・長期取引に基づく日本企業はこのような能力に長けていた。このため日本では，擦り合せの妙が必要とされる乗用車，オートバイ，ゲームソフトなど製品において，完成度の高い製品を作ることができたのである。

本章で取り上げる楽器は，製品の比較的上位の階層から見た場合，音程や音色の調整など，綿密な擦り合わせ技術が求められる製品であり，典型的なインテグラル型製品と位置づけることができる。

3. ヤマハの楽器製造

(1) 多角化の推移

1887年（明治20）にオルガンの製造に成功した山葉寅楠は，1888年に浜松市に山葉風琴製造所を創設，1889年には合資会社山葉風琴製造所を設立し，1897年に日本楽器製造株式会社（現ヤマハ株式会社）とした。1900年よりアップライト・ピアノ，1902年よりグランド・ピアノの製造を開始し，木工・塗装に関する技術を社内に蓄積してきた。

1903年には高級木工家具の製造も開始し，戦時中は金属プロペラの製造を手がけ，この技術を利用して1950年代にオートバイに進出，60年代にはオーディオ機器，さらにはボートやテニスラケット，スキーなどのスポーツ用品やリゾート開発にまで進出した。

ピアノ以外の楽器では，1914年にハーモニカ，1940年代にギターを発売，1965年には管楽器にも参入し，まずトランペットを手がけた。その後，1970年に明治創業の老舗メーカー日本管楽器株式会社（ニッカン）を吸収合併することで，サクソフォン，フルート，クラリネットなどの木管楽器と，トランペット，トロンボーン，チューバ，ホルンなどの金管楽器と幅広

い製品ラインをもつ事になった。弦楽器については，日本の大手メーカー「鈴木バイオリン」との棲み分け[6]から，参入を控えていたが，1997年にサイレント・ヴァイオリンなどのエレクトリック楽器分野で参入し，2000年にはアコースティック・ヴァイオリンを発売した。この他にも，ドラムやシンセサイザーなどの電子楽器も手がけている（図表3-3）。ヤマハは，「各楽器のシナジー効果を狙うというよりは，「より豊かな生活」というコンセプトの下，社会に有意義な事業を展開していく」[7]というミッションを追求し，ピアノから電子楽器までを扱う総合楽器メーカーになった。

図表3-3　ヤマハの製品・事業参入の歴史

	楽器事業	その他の事業
1887	オルガン	
1900	アップライトピアノ	
1902	グランドピアノ	
1903		高級木製家具
1911		建築用合板
1914	ハーモニカ	
1915	木琴，卓上ピアノ，卓上オルガン	
1921		飛行機用木製プロペラ，特注家具
1922		高級手巻き蓄音機
1926		内装工事
1931		全金属製プロペラ
1932	パイプオルガン	
1933	アコーディオン	
1935	電子楽器「マグナオルガン」	書架，椅子セット
1945	ピアニカ	
1950	フルコンサートピアノ	
1954		HiFiプレイヤー，オートバイ，オルガンの実験教室
1955		ヤマハ発動機（株）設立
1959	エレクトーン	ヤマハ音楽教室，FRP製アーチェリー
1960		ボート（後にヤマハ発動機に移管）

1961		FRP 製スキー，バスタブ，鉄・アルミ合金・銅チタン合金開発
1962		中日本観光開発（株）設立（後にヤマハリクリエーション（株）に社名変更）
1964		第1回エレクトーンコンクール開催
1965	トランペット，マリンバ	
1966	エレクトリックギター，ドラム，ソリッドギター，アンプ	財団法人ヤマハ音楽振興会
1967	サキソフォン，トロンボーン，ユーホニューム，チューバ	NS スピーカー，第1回全日本 LMC（ライトミュージックコンテスト）開催，合歓の郷
1968	ピッコロ，フルート，クラリネット，コルネット，フレンチホルン	NS ステレオシステム
1971		IC
1972	ウィーンフィルとの管楽器共同開発	第1回ジュニアオリジナルコンサート（JOC）開催
1973		テニスラケット
1974	シンセサイザー，ミキサー，リコーダー	日本初本格的 PA ミキサー，スピーカーシステム，つま恋
1975		ユニット家具，システムキッチン
1976	PA パワーアンプ，PA スピーカーシステム，エレクトリックグランドピアノ	
1980	ポータサウンド，PA ミキサー	チタン合金
1981		スキーウェア，バトミントン，LSI，ヤマハ・ピアノテクニカル・アカデミー
1982	ピアノプレーヤ	ゴルフクラブ，テニスラケット，CD プレーヤ
1983	クラビノーバ，デジタルシンセサイザー	カスタム LSI，パーソナルコンピュータ
1984		産業用ロボット，FM 音源用 LSI，画像処理用 LSI
1986	ピアノプレーヤ（MIDI 付）	DSP エフェクター，デジタル・サウンド・フィールド・プロセッサー
1987		ウィンド MIDI コントローラー，英語教室，バンド・エクスプロージョン
1989		防音室
1990	スーパーウーファー，AV アンプ，ミュージックシーケンサー	ヤマハリゾート（株）設立

1991	アクティブ・サーボ・スピーカ	薄膜磁気ヘッド,チタンゴルフクラブ,キロロ
1993	サイレントピアノ	コンピュータ・ミュージック・システム,第一興商とカラオケ通信システム共同開発
1995	電子グランドピアノ	リモートルータ
1996	サイレント・セッション・ドラム	お茶の間シアターサウンドシステム
1997	サイレントバイオリン	
1998	サイレントチェロ	(チャイコフスキーコンクールでヤマハピアノを使用したデニス・マツーエフが優勝)
1999		インターネット音楽配信システム MidRadio,USB 対応のマルチメディアアンプ
2000	アコースティックバイオリン,サイレントベース	着信メロディ
2001	サイレントギター	大人のための音楽入門講座
2002	サイレントビオラ	(チャイコフスキーコンクールでヤマハピアノを使用した上原彩子が優勝)
2008	ベーゼンドルファーを子会社化,電子楽器 TENORI-ON	
2010		(ショパンコンクールでヤマハピアノを使用したユリアンナ・アブデーエワが優勝)

出典:ヤマハ資料より筆者作成。

　ヤマハは事業を拡大しながらもピアノをコア事業としており(2009年度の売上構成比は16.8%[8]),ピアノの国内シェアは70%を占めている。しかし先進国のピアノは成熟期にあることから,他の楽器での売上拡大を狙うとともに,中国やインドネシアなど新興国でのピアノ販売と音楽教室に力を入れ,アジアのボリュームゾーンを狙っている。

　しかし総合楽器メーカーと言いながら,ヤマハはハイエンドのトップブランドをあまり持っていない。近年では,サクソフォンやフルートなど木管楽器で評判を高めてはいるが,ヤマハのフラグシップ製品といえば,電子ピアノ,シンセサイザーやドラムなど電子・ポピュラー関連の製品である[9]。主力製品であるピアノでは,スタインウェイを目指すとしながらも,フラグシップを取ることが出来なかった。ヤマハでは,「プロが使用する最高の物

だけでは利益は上がらない。演奏家が使用するトップブランドを取らなくても商売になっていた」[10]と言われ，楽器市場を拡大させてきた。多彩な楽器を揃え国内外に販売店網を拡大してきたため，「トップブランドだけでは，販売店での商売が成り立たない」という理由もあった。

　もっとも，ヤマハはピアノ事業において，フラグシップを取れないことにフラストレーションも感じてきた。このため2008年には，ヨーロッパの老舗ピアノ・メーカーであるベーゼンドルファーを買収した。この買収は，「トップ・アーティストからの関心を集め，選択肢を増やす。中国など新興メーカーなどに対する防衛的意味合いとして，ヤマハの存在感を見せる」[11]ことを狙いとしている。過去ニッカンを合併して管楽器に本格参入して以来，内部開発により製品拡大してきたヤマハだが，トップ・アーティストへの訴求と，アジア製の低価格量産品との競争に勝つために，トップブランドを持つ必要を感じたからであった。

(2) ヤマハの製造と下請け

　ヤマハのピアノは，カスタムメイドと量産品の2つのラインに分けられる。「欧米の一流ピアノ・メーカーが有する歴史と伝統の厚みには，どうしても競争力に欠けるため，音程や音響を科学的に測定し，定量的に把握して，そのデータで良し悪しを判断する方法を打ち出した」[12]のであり，ピアノの製造ラインに70年代〜80年代にかけて大規模な設備投資を行った。しかしその製造ラインを見ると，機械化を進めているとは言え，擦り合わせ部分では，手作業の部分を多く残している。これはカスタムメイドのピアノだけではなく，量産品についても同様である。ヤマハにとって機械化は，あくまで人間の作業を機械に置き換えることにより，「人によるばらつき」をなくし，均一性を確保することにあった。管楽器も80年代に設備投資を進め，コンピューターによる設計やロボットの導入も行ったが，基本的な楽器の製造方法は変わっていない。「ピアノでは材料と手間，管楽器では手間が楽器を決定する」[13]と述べている。カスタムメイドと量産品は，標準化する部分の大きさが違い，カスタムメイドの方が擦り合わせ工程が多くなっている。

ヤマハが使用する部品の大半は，下請け部品メーカーで製造・加工している。ヤマハがある浜松には，ヤマハ・河合という大手メーカーの下請け工場が多数存在し，楽器製造のピラミッド構造が築かれていた。そのため規模が小さいピアノ会社でも，これらの下請け工場を使えば，オリジナル・ブランドのピアノを製造することができた。クロイツェル・ピアノ，東洋ピアノ，ディアパソンなどは，今も続く浜松の老舗中小ピアノ・メーカーである。

(3) 楽器製造の代表例

次に，楽器の特性と製造工程について，ピアノ，ヴァイオリン，サクソフォン（サックス）の3つの楽器を取り上げる。楽器の中で，最も多くの部品を要するのが鍵盤楽器のピアノである。弦楽器代表のヴァイオリンは，多くの企業がストラディヴァリを目指して製造を行っているが，寸法などを同じにしても名器と同じ音は出ず，ボディの組み立て方など，至るところに匠の技が必要とされる楽器である。サクソフォンは金管のボディながら，マウスピースに付けたリードを振るわせて音を出す。木管楽器，金管楽器の双方の性質を備えているという意味で管楽器の代表例と言える。

① ピアノ

前述のように1700年頃にイタリアのフィレンツェで発明されたフォルテピアノと呼ばれる楽器が，30年後ドイツにおいて製造されるようになり，産業革命期のイギリスを中心に発展してきた。ピアノの演奏場所も，王侯貴族のサロンから新興階級の客間へと移り，さらに数千人を収容する音楽ホールが建設されるようになると，より大きな音量が必要になった。これに合わせ，アクションやフレームなどが大幅に改良され，現在の形となった。

19世紀後半以降は，ウィーンのベーゼンドルファー，シュトライヒャー，フランスのエラール，プレイエル，エルツなどの既存メーカーに加え，ドイツのベヒシュタイン，ブリュートナー，アメリカのスタインウェイなどの新興メーカーが台頭し，激しい競争が繰り広げられた。ヨーロッパでは伝統製法にこだわったイギリスが競争から脱落し，ドイツのメーカーがシェアを伸

ばした。アメリカでは，スタインウェイやチッカリングを中心に技術革新が進められ，次第に生産の中心はヨーロッパからアメリカに移っていった。20世紀に入るとアメリカで大量生産が進み，ピアノ・メーカーは世界市場を視野に入れ販売を始めた。第二次世界大戦後は，ヤマハが世界市場に進出したことで，性能のよい低価格のピアノが家庭に普及していった。

　ピアノは，木，鉄，フェルトなどさまざまな素材を使った多くの部品により構成されており，その機構も複雑でメカニカルな楽器である。世界最高峰と言われるグランド・ピアノを製造するスタインウェイでは，1台のピアノに12,000以上に及ぶ部品が使われている[14]。同社では，生産性調査の結果カシミア製の布を使用した部品の65%が無駄になっていることが判明したため，1962年にカシミアからテフロンに素材を変更したが，翌年どこかで雑音がするというクレームが発生し，細かな部品のどこから雑音がするのかを探す作業に，多くの時間と労力を費やしたというエピソードもある[15]。ピアノの機構が複雑で，いかに擦り合わせが重要かを示す具体例と言えよう。

　ピアノは鍵盤を叩くとアクションと呼ばれる機構がはたらき，ハンマーが弦を打つことで弦振動を起こして音が生まれ，響板が反響して音を増幅する。共鳴や倍音を出すため，230前後の弦が張られ，約20トンの張力がかかるが，これをウッドフレームと鉄フレーム，それを支える数本の支柱で全体の強度を保っている。フレーム，響板，アクション，鍵盤，弦，ペダルといった部品や機構の技術が，ピアノの品質を決める。

　グランド・ピアノの生産工程は，① 木材の選定，② 木材の乾燥，③ 響板の製作，④ 支柱の組み立て，⑤ 側板と支柱の接着，⑥ 響板の張り込み，⑦ フレームの製造・取付け，⑧ 張弦，⑨ 鍵盤・アクションの取付け，⑩ 整調・調律・整音，⑪ 最終仕上げ，と進む。このうち木材は，ピアノの音と外観を決める重要な要素になる。スタインウェイでは，質の高い丸太だけを購入しているが，それでも購入した木材のうち，ピアノに使えるものは，およそ半分しかない[16]。響板には，板の全長にわたってまっすぐ木目が通ったものだけが使用される。木材は工場の屋外に1年は寝かされ，乾燥炉で数日間水分がとばされる。その後木工職人が，再度木材を選別する。木材から

は，リム（側板），響板，ハンマーなどピアノの各部分が作られ，木工作業はピアノ製造の要でもある。

　これに対しヤマハでは，木工作業に天然乾燥と併用して独自の経年乾燥技術を開発し，乾燥期間を短縮している。「過去に積み重ねられた実測例から得られた乾燥条件を与えることによって，乾燥ロット間の偏りを正そうという標準化の考え方である。不必要な乾燥時間を節減でき，入室時に出室時期が予測できる。大量の乾燥が生産ラインに入ってくる場合，乾燥計画が合理的に立てられ，在庫も最小限で足り，かつ在庫に伴う含水率の変動も避けられるなど，生産を円滑にする効果も極めて大きい」と言う[17]。

　スタインウェイでは，ピアノの上蓋や脚の木材の裁断も機械を使うようになったが，リム作りに関しては今でも手作業で行われている。木工作業はプラスマイナス0.076ミリの誤差を徹底しているものの，職人により木の扱いに微妙な違いがでる。スタインウェイには作業マニュアルも存在せず，工員は20〜30年と同じ仕事を受け持ち，前任者のやり方を観察することで仕事を覚え，先輩からの「口伝」で知識を受け継いできた。

　これに対しヤマハでは，木工部分もモジュール化を進めることで，量産体制を構築してきた。例えば，アカエゾ松の産地である北海道丸瀬市の北見木材（株）は，もともとはアカエゾ松の原木を材料としてヤマハに卸していたが，その後自ら製材，カット，乾燥を手掛け，今ではヤマハの使う響板の全量をモジュールとして供給している。響板はピアノの響きを決める重要な部分であり，ヤマハは過去は内製化によりノウハウを蓄積してきたが，北見木材にノウハウを供与し，アウトソーシングに切り換えた。

　また，アクションはピアノの心臓部と言われる所で，擦り合わせ技術が最重要となる。鍵盤からアクションにつながる部分によって，演奏者のタッチを思い通りの音として表現できるかが決まる。弾き易さは，顧客が製品を選択する重要な要素となる。ヤマハのアクションは，1鍵につき80点以上の部品で構成され，部品の加工精密度は100分の5ミリ[18]の高精度で仕上げられている。タッチの部分は，数回にわたる擦り合わせ作業が行われている。「整調・調律・整音などの作業は，バラバラに行われるのではなく，全体の

バランスが大切。調整作業の仕上げとして，技術者は最後にピアノ全体をならして，望ましいバランスに調整されているかをチェックする。」[19]という丁寧な擦り合わせ作業が，カスタムメイド品だけでなく，量産品に対しても行われている。

図表3-4 ヤマハのピアノ製造におけるアーキテクチャ

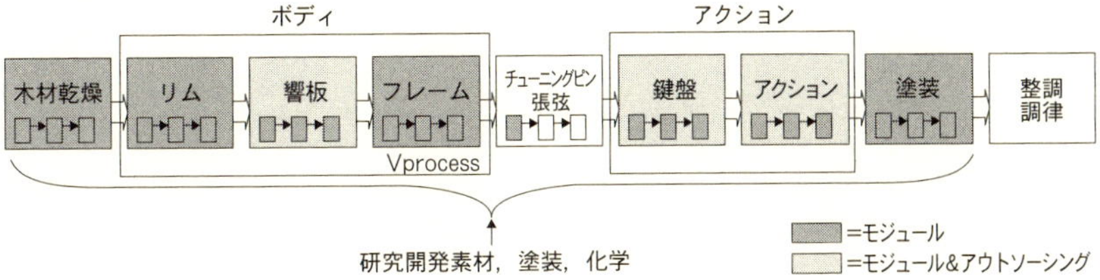

```
           ボディ                              アクション
 ┌─────────────────────────┐      ┌──────────────────┐
木材乾燥→リム→響板→フレーム→チューニングピン→鍵盤→アクション→塗装→整調
                              張弦                                調律
                    Vprocess
                       ↑
              研究開発素材，塗装，化学        ■=モジュール
                                        □=モジュール&アウトソーシング
```

② ヴァイオリン

ヴァイオリンは，16世紀にイタリア・クレモナのアンドレア・アマティが，楽器として今の形に完成させたと言われる。ストラディヴァリ，グァルネリなどによって1820年頃までに作られたヴァイオリンは「オールド・イタリアン」と呼ばれ，ヴァイオリンの中でも最も価格が高く，プロ演奏家やコレクターに珍重されている（大木 2009）。その後1890～1940年にイタリアは2回目の隆盛期を迎え，この時代，約250人の名匠が製作した楽器は「モダン・イタリー」と呼ばれ，現在でもコンサート・ヴァイオリンとして高く評価されている。

産業革命後は分業による大量生産が普及し，ヴァイオリンも伝統的な技術を守る手工芸と，利益追求を第一とする大量生産方式に分かれることになった。大量生産方式のヴァイオリンは，ドイツやボヘミアなどで製作されたが，イタリアは大量生産の楽器は作らない伝統を守ってきた。ヴァイオリン製作については，拙著『クレモナのヴァイオリン工房』（文眞堂，2009年）に詳しく書かれているので，ご参照いただきたい。

ヴァイオリンの製造工程は，①デザイン決定と枠作り，②木材の選定，③横板の製作，⑤表板・裏板の削り作業（アーチング及び厚み出し），⑥パフリング[20]，⑦エフ字孔，⑧バス合わせ，⑨ボディの組み立て，⑩ネッ

クセット，⑪ニス調合・塗布，⑫魂柱・駒合わせ，に分けられる。表板，裏板，ネックやスクロールといった部品はモジュール化が可能だが，それらを組み立てる作業や調整作業はモジュール化することは難しい。実際，部品をモジュール化したキットも売られており，クレモアでも中国製の安いキットを組み立てて廉価品を製造している。しかし高価なヴァイオリンに関しては，モジュール化はせず，各部品を手作りで仕上げ，それらを擦り合わせていくのが基本である。

ヴァイオリン製作者への調査（大木 2009）からは，製作で気を使う工程として，「木材の選定」「ネックセット」「魂柱・駒合わせ」「表板削り出し作業」「ニス塗布」「バス合わせ」が挙げられた。ヴァイオリンは木工楽器なので，木をよく見て，一つ一つの木材に合った使い方や削り方をしていくことが重要だと言われる。また製作工程の中で，ネックセット，魂柱・駒合わせ，バス合わせは，擦り合わせの部分である。全てが一人の製作者による手作業であるクレモナでは，デザインの決定や木材の選定に始まり，音に大きく影響し美しさを演出する表板の削り作業は，擦り合わせの妙が問われ，最も気を使う工程である。

一方ヤマハでは，CADによる名器の採寸，ピアノや家具で培った木材の経年乾燥技術，オートバイの塗装吹き付け技術，ピアノの塗装技術といった，過去の社内の技術蓄積を生かしながら部品の精度と品質を高め，これらを手作業で擦り合わせることで，オールド・イタリアンに挑んでいる。

ヴァイオリン製作の各工程の中で，ヤマハの独自性はモデリング，木材の削り，高技能木工作業，塗装作業に表れている。木材選びは，木材業者の示す特定グレードの中からヤマハ独自の品質基準に基づき選別を行なう。選別後数年の天然乾燥を経た後，工房の環境になじませるために3カ月の調湿過程を経て加工に入ることになる。開発中の最高級試作では，約2,000本の木材の中から26〜27本程度を選定することもある。

第一段階のモデリングは，3D CADを用いた3Dモデリングである。モデリングにあたっては，現存する名器の表板，裏板，ネックの形状，厚みを取得するために3次元計測を実施している。また，実際の加工においては，

このデータに基づく加工プログラムを加工機へ転送し，専用治具を用いて削り出し（粗削りとNC仕上げ加工）を行なっている。この際には約20種類の刃物を用いることでムラの少ない加工面を確保し，最終的には，加工プロセスの総合誤差として示される厚み誤差を，加工面内の92％において，0.1mm（Max-Min）の範囲に抑え込むことに成功している。前記加工プロセスに加えて，材料の物性に応じたプログラム補正と，音響測定に基づく微調整を施すことにより，手作業では板を叩きながら音程（Eの音になる）を確かめて削り出すことになる複雑なヴァイオリンの表板・裏板の形状加工，厚み加工が，極めて精度の高い状態で完成できる。

　第二段階にあたる高技能木工作業では，ヴァイオリン製造プロセスを工数解析し，一般木工技能・一般塗装技能と特殊固有木工・特殊固有塗装に分類している。一般木工技能・一般塗装技能は，ヤマハがピアノ・家具・ギターなどの製造でこれまで蓄積してきた技術を用いることで汎用可能な部分，固有特殊木工技能・固有特殊塗装技能はヴァイオリン製作に固有な部分である。この工数解析では，ヴァイオリン製造は木工52％，塗装25％，調整13％，NC10％であり，全工数の30％が固有特殊木工・塗装部分だとされる。（木工作業の66％が一般，34％が固有，塗装作業では49％が一般，51％が固有な部分である。）

　例えば固有特殊木工ではバスバー合わせといった表板に棒をつける作業があげられる。両側に0.3〜0.5mm程度のスリットを設けて貼り付ける作業は，曲面に曲面をつけることになり，さらに木材のうねりを合わせる必要があるため，ヤマハの測定によれば熟練工35分に比較して初心者では150分かかる。習熟曲線を見ると，訓練によりこれらの固有木工の習熟度[21]は4.5から2.7に引き下げることが可能である。ヤマハでは伝統的クレモナ方式と同様に内枠方式を採っている。内枠へのフィッティングにも，独自の枠を使用し，誤差が出ないようにしている。

　第三段階の塗装作業は，木地仕上げ，木地染色，目止め，色ニス，透明ニス・仕上げ，研磨の6つのプロセスがある。ニスはピアノと同じオイルニスを使用，塗装作業では埃がつかないように，車の塗装に使用されるダストフ

リーブースを活用している。ニスの目止めでは，クレモナでも伝統的に使用されているという火山灰を使用している。脆く，多孔質で，広く粒径分散（500μm-30nm）するといった特質を持つナノ粒子である。

第四段階の調整作業では，ハッチンス（Carleen Hatchins）のプレートチューニング技術[22]を用いて，表板・裏板のパーツ段階で，音振動の縦・横の歪が出ないように調整している。さらに，試奏結果とチューニング結果を検証し，モデリング規格のフィードバックにより，音質管理能力を向上する施策を講じている。

ヤマハが追求しているのは，感覚的な手作業によるヴァイオリン製作を，科学技術を駆使して可能な限り平準化し，品質の安定した楽器を製作することである。そのために，加工精度を確保し，固有特殊技能に特化した技術向上プログラムを実施，伝統プロセスを合理的に解釈してエッセンスを抽出するとともに，調整技術を生産工程に活用して結果をモデリングにフィードバックしている。

ヤマハでは年間中国工場との OMC により年間 14,000 本[23]の普及品ヴァイオリンを生産している。2000 年のヴァイオリン参入時には 1,000 本だった出荷本数を急速に伸ばしてきた。主な販売先は国内約 1,000 本，アメリカ約 7〜8,000 本，ヨーロッパ約 3,000 本という。市場規模を考慮すると，年間 2 万本程度が適量という。これらの普及ヴァイオリンに対し，本稿で示した「Artida」ヴァイオリンは年間 20 本の生産に留まっている。分業体制により，ニスの乾燥期間などを含めて約 3 カ月で完成するという。販売価格は現在 65〜90 万円に設定されていることからも，4 名の製作者を抱える部署としてはコストパフォーマンスが高くないことが伺える。しかし，ヤマハのヴァイオリンの普及と高いステータスのヴァイオリンの作成という 2 本立ての方針の中，工房では「ヤマハのヴァイオリンを象徴する一つの楽器ができればいい」[24]という姿勢で，コンクールやプロのヴァイオリニストのリサイタルに耐える楽器製作を目指している。

もっとも設計に携わる中谷氏も「分業の問題は各パーツがうまく作れても，全体としての美しさがないこと。バランスがうまく取れない」と述べて

いるように，トップ職人による楽器には全体的な美しさがある。一人の職人による手作りをモットーとするクレモナのヴァイオリン製作の大御所モラッシ氏も「分業のほうがよい面もあるかもしれないが，ヴァイオリン製作では全体としての個性を出していくことが大切だ」と述べている。

分業によるパーツ製造の効率性は誰しも認めるところであるが，それでもクレモナでは敢えて一人の手作業にこだわるのは，ヴァイオリンという楽器の奥深さを示している。

図表 3-5　ヤマハのヴァイオリン製造におけるアーキテクチャ

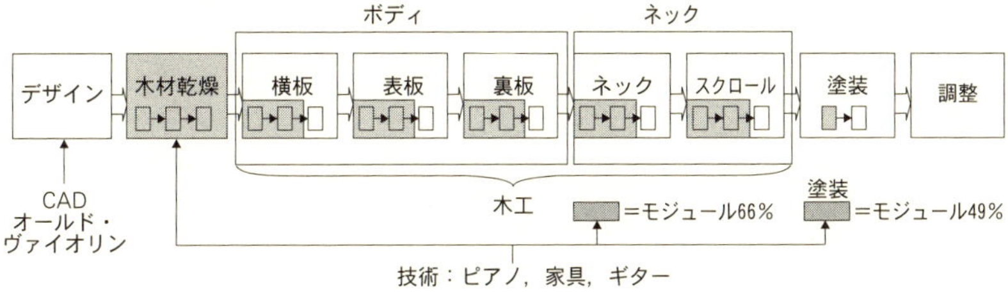

デザイン → 木材乾燥 → 横板・表板・裏板（ボディ）→ ネック・スクロール（ネック）→ 塗装 → 調整

CAD
オールド・ヴァイオリン

木工　＝モジュール66%　塗装　＝モジュール49%

技術：ピアノ，家具，ギター

③　サクソフォン（サックス）

サクソフォンは1846年ベルギーのアドルフ・サックスにより発明された。本体は金属でできているが，シングル・リードの発音体であるため，木管楽器に分類され，ソプラノ・サックスからバリトン・サックスまで5種類ある。基本的に4つの部位，吸込管（ネック／マウスパイプ），二番管（ボディ），一番管（U字管：ボウ），朝顔管（ベル）から成り立っており，管体にはトーンホール（孔）が25個開けられている。トーンホールにはタンポと呼ばれる蓋がつき，遠くの孔も一度に押さえられるようにキーやレバーが付いている。リードは葦でできており，カットや硬さによって吹奏感が変わるため，演奏者が自作したり，市販品を削って微調整する。

サクソフォンを構成する部品数は約600におよぶ。サクソフォンは円錐管で，テーパー（広がる角度）が3度程度のものが基本となっている。テーパーにより音色・音程も変わってくる。ヤマハによれば，「円筒ではなくてテーパーがかかっていることで，サクソフォンは肉声に極めて近い音が出せ

ます。だからさまざまなエモーションを表現でき，ソロ楽器としてぴったりなのです。テーパーが強い（広がる角度が大きい）ほど，ジャズ向きになります」[25]と言う。クラシック音楽では，他の楽器と合奏することが多いため，音がコントロール可能で音程が正確になるようテーパーが緩やかで直管に近い円錐管，ジャズの場合には大きな音が必要で，音のかすれも個性とされるので，管の広がりは大きく作られる。

　サクソフォンの製作工程は，① ベル（溶接→ハンマー加工→鉛絞り→トーンホール引き上げ），② Ｕ字管（溶接→バルジ加工→トーンホール引き上げ），③ ベルとＵ字管組み立て（ハンダ組み立て→彫刻→バフ研磨→塗装），④ ２番管（溶接→管引き加工→トーンホール引き上げ→バフ研磨），⑤ 組み立て・仕上げ・完成（キイ組み込み調整→本体組立→調整→検査），⑥ ネック（溶接→曲げ加工→オクターブ音孔加工→キイポストなどハンダ付け→バフ研磨→塗装→オクターブキイ取り付け）に分けられる。

　ヤマハでは，管体やキイポストにぶつからずにトーンホールを押さえられるかを，試作前に確認できるコンピューターを用いた3次元技術も取り入れているが，大半は手工芸的生産を続けている。例えばベルの製造では，「これをぴっちり付き合わせるのがとても大事で，朝顔のできが決まってしまう。つけた所をローラーで目つぶしし，凹凸を平らにし，形を整えていく」[26]と，職人が一つ一つハンマーで叩いて成型していく。加工，焼く，洗うという三工程を繰り返し，硬い金属が厚さ0.65ミリ〜0.7ミリにまで薄くなる。33あるキイは，1つに2個ずつキイポストをつけるが，一つずつハンダ付けで正確につけていく手作業である。組み立てについても，「1人が1つずつ仕上げていく方式で，丁寧に組み立てています。今，この工場では1日25セットを生産していて，これは世界一の生産量」だと言う。サクソフォン本体は金属製であり，下請けはキイやタンポなどの部品製造と，金メッキなどの塗装という部品加工を行う。ヤマハは熟練工の手作業により，それらの部品をハンダで接合し，組み立てていく。

　ヤマハでは楽器の設計に関して，高度なプロの要望にはカスタマイズで対応しながら，標準化へのノウハウに取り込み，量産品の開発に生かしてい

る。そして全体設計とデザインはヤマハ本体，部品は下請けといった分業体制ができ上がっている。

図表 3-6 ヤマハのサクソフォン製造におけるアーキテクチャ

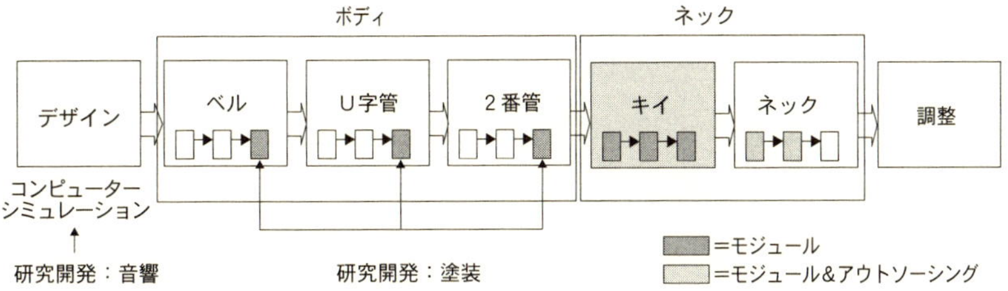

```
        ┌──────── ボディ ────────┐  ┌── ネック ──┐
┌─────┐ ┌─────┐ ┌─────┐ ┌─────┐ ┌─────┐ ┌─────┐ ┌─────┐
│デザイン│ │ ベル │ │U字管 │ │2番管 │ │ キイ │ │ネック│ │ 調整 │
└─────┘ └─────┘ └─────┘ └─────┘ └─────┘ └─────┘ └─────┘
   ↑
コンピューター
シミュレーション
 研究開発：音響      研究開発：塗装
                              ■ ＝モジュール
                              ■ ＝モジュール＆アウトソーシング
```

(4) ヤマハの生産スタイル

以上の 3 楽器を総合すると，ヤマハの生産スタイルの特徴は，先端技術を取り入れながらも，擦り合わせを要としながら大量生産を可能にしたことにある。音程や音響の科学的測定，木材の経年乾燥技術，CAD による採寸などの先端技術を積極的に取り入れ，製造ラインの自動化も進めてきた。ただ重要なのは，擦り合わせが要となる楽器製造における自動化は，人間を不要にする自動化ではなく，「人によるばらつき」をなくし，均一性を確保するための自動化であった。そして生産の効率化のために部品のモジュール化も進め，下請けに生産委託する一方，操作性や音色など楽器の中核部分は，本社工場での手作業による擦り合わせで品質を維持してきた。カスタムメイド品だけでなく，量産品も同じように対応してきた。

楽器の量産が必要と言っても，自動車のような必需品的な量が必要とされる訳ではない。このため，丁寧な擦り合わせにこだわりながらも，ある程度の量産が可能になったと言えよう。

4. まとめ

本章では，ヤマハの楽器製造についてアーキテクチャに焦点をあて分析した。楽器業界では欧米の伝統ある家内工業的な専業企業が各楽器のフラグ

シップを握っているが、経営規模では日本のヤマハが世界最大手として、他社を大きく引き離している。

では、なぜヤマハだけが大企業になれたのだろうか。その要因として、次章で詳しく述べるように、マーケティング面については、音楽教室などの販売促進策や、ハイエンドの顧客にこだわらず、ボリュームゾーンを中心顧客としてきた点にある。しかしボリュームゾーンの顧客を獲得するためにも、一定以上の品質を維持した楽器の量産が必要であった。事例からは、擦り合わせが要と言われる楽器の製造においても、最先端技術を取り入れ、人によるバラツキを減らすための自動化を進め、かつ部品のモジュール化し外注を進めてきたことがわかった。一方で、完成品の擦り合わせ技術の内製化にはこだわり、それをサポートする機械化も進めてきた。こうして、擦り合わせが要となる楽器においても、量産を可能にしてきたのである。

しかし一方で、部品や工程の標準化の進めやすい木管・金管楽器では、フラグシップ企業と肩を並べる所まできたが、木を材料とし"究極の擦り合わせ"が求められるピアノ、ヴァイオリンなどでは、未だハイエンド顧客の評価は獲得し得ているとは言えない。すなわち、木の選択や加工というような

図表3-7 フラグシップ企業（老舗 vs. ヤマハ）

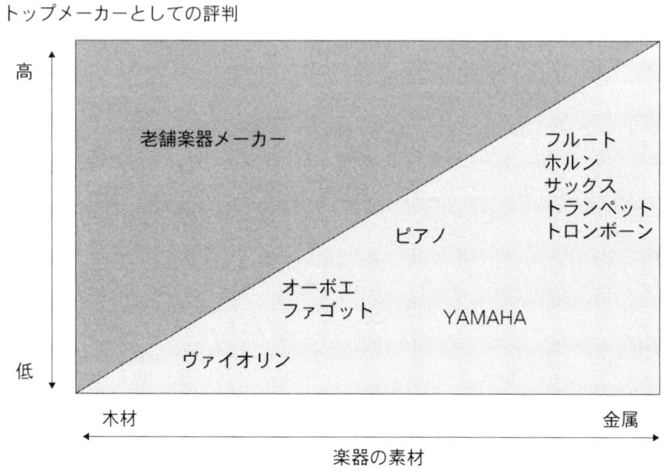

"目利き"が求められる楽器では，"音の良さ""音の鳴り"という性能が数量化できない「次元の見えない競争」（楠木 2006）が色濃く残り，顧客は伝統的なブランドへの信仰が厚く，顧客の評価が固まるには長い時間がかかると言えよう。

　本章の執筆について，連携研究者の早稲田大学大学院山田英夫教授に多大なご協力をいただき，もとになる論文は共著として発表しております。

注
1　"Measuring The Global Market for Music Products" 'Music Trade December 2012'.
2　筆者の音楽家への聴き取り調査による。
3　ヤマハ株式会社　岡部比呂男氏。
4　ヤマハ株式会社　取締役・常務執行役員・楽器事業統括　岡部比呂男氏，執行役員・広報部長　三木渡氏，広報部広報グループ・マネジャー　二橋敏幸氏，広報部広報グループ・広報担当次長　田仲操氏，ピアノ事業部・生産部・GP生産担当次長　村松富男氏，管打楽器事業部・商品開発部・管楽器設計課・課長　庭田俊一氏，管打楽器事業部・マーケティング部・B&O営業課・課長代理（ストリング担当）中林尚之氏，広報部・広報グループ・課長代理　伊藤泰志氏，管弦打楽器事業部　商品開発部　ストリング設計課　課長　中谷宏氏，管弦打楽校営業部　弦楽器営業グループ　阿部庸二氏。
5　楽器業界では，電子楽器を別として，企業を超えた標準化はほとんど進んでいないことから，クローズ／オープンの議論は，本章では触れない。
6　「ヤマハはピアノ，ヴァイオリンは鈴木という暗黙の取り決めが，ヤマハと鈴木バイオリンとの間に交わされていた」（大木，2007）。
7　ヤマハ株式会社　三木渡氏。
8　2010年3月の全社売上4,130億円の見込みに対して，ピアノ売上694億円（アコースティック・ピアノ：401億円，電子ピアノ：287億円，ハイブリッド・ピアノ：6億円）「ヤマハグループ中期経営計画（2010年4月～2013年3月）」（2010.4）。
9　田仲操氏。
10　三木渡氏。
11　同上。
12　前間・岩野（2001）147頁。
13　岡部比呂男氏。
14　スタインウェイ＆サン社ホームページ　http://www.steinway.co.jp　（2010.4.30参照）。
15　うたまくらピアノ工房ホームページ「ニューヨーク・スタインウェイの秘密」企業レポート　http://www.utamakura.co.jp　（2010.12.30参照）。
16　Barron（2006）邦訳版，80頁。
17　加藤（1966）55-56頁。
18　ヤマハホームページ「ヤマハピアノができるまで」http://jp.yamaha.com（2011.1.1参照）。
19　ヤマハ『ヤマハピアノができるまで』（パンフレット）。
20　表板と裏板の縁どり。
21　目標と実際にかかった時間の比率。

22 表板，裏板のパーツ段階での低次固有振動モードに着目して調整を行う技法。
23 2006年度，2007年度は16,000本の予定。
24 中谷宏氏。
25 ヤマハホームページ「楽器解体全書サクソフォン」第2回。http://www2.yamaha.co.jp/u/naruhodo/02sax/sax1.html （2010.12.30参照。）
26 ヤマハホームページ「楽器解体全書サクソフォン」第3回。

第3章の参考文献

青木昌彦・安藤晴彦編（2002）『モジュール化～新しい産業アーキテクチャの本質』東洋経済新報社。

青島矢一（1998）「製品アーキテクチャーと製品開発知識の伝承」『ビジネスレビュー』第46巻，第1号，46-60頁。

青島矢一・武石彰（2001）「アーキテクチャという考え方」藤本隆宏・武石彰・青島矢一編『ビジネス・アーキテクチャ～製品・組織・プロセスの戦略的設計』有斐閣，27-70頁。

Baldwin, C.Y. and K.B.Clark (2000), *Design Rules Vol.1: The Power of Modularity*, MIT Press.（安藤晴彦訳（2004）『デザイン・ルール：モジュール化パワー』東洋経済新報社。）

Barron, J. (2006), *Piano : The Making of a Steinway Concert Grand*, Times Books.（忠平美幸訳（2009）『スタインウェイができるまで』青土社。）

Clark, K. B. and T. Fujimoto (1991), *Product Development Performance; Strategy, Organization and Management in the World auto Industry*, HBS Press.（田村明比古訳（2009）『増補版 製品開発力』ダイヤモンド社。）

藤本隆宏・安本雅典編著（2000）『成功する製品開発』有斐閣。

藤本隆宏（2001）「アーキテクチャの産業論」藤本隆宏・武石彰・青島矢一編『ビジネス・アーキテクチャ～製品・組織・プロセスの戦略的設計』有斐閣，3-26頁。

藤本隆宏（2003）「組織能力と製品アーキテクチャ～下から見上げる戦略論」『組織科学』第36巻，第4号，11-22頁。

藤本隆宏・天野倫文・新宅純二郎（2007）「アーキテクチャにもとづく比較優位と国際分業：ものづくりの観点からの多国籍企業論の再検討」『組織科学』第40巻，第4号，51-64頁。

藤本隆宏（2009）「アーキテクチャとコーディネーションの経済分析に関する試論」『経済学論集』東京大学経済学会，第75巻，第3号，2-39頁。

Henderson, R. and K.B.Clark (1990), "Architectural Innovation: The Reconfiguration of Existing Product Technologies and the Failure of Established Firms," *Administrative Science Quarterly* 35, (1), pp.9-30.

加藤隆夫（1966）「日本楽器製造（株）楽器材の乾燥—蒸気式」『木材工業』第21巻，第10号．55-57頁。

國領二郎（1999）『オープン・アーキテクチャ戦略』ダイヤモンド社。

國領二郎（2004）『オープン・ソリューション社会の構想』日本経済新聞社。

小林英一・大和総研・鈴木信貴・東京大学ものづくり経営研究センター・高瀬良一・住友信託銀行（2009）「ヤマハの電子ピアノ市場参入とその競争プロセス～芸術性による参入障壁」東京大学ものづくり経営研究センター，Discussion Paper Series, No.273.

楠木健（2006）「次元の見えない差別化～脱コモディティ化の戦略を考える」『一橋ビジネスレビュー』第53巻，第4号，6-24頁。

前間孝則・岩野裕一（2001）『日本のピアノ100年～ピアノづくりに賭けた人々』草思社。

大木裕子（2007）「伝統工芸の技術継承についての比較考察～クレモナとヤマハのヴァイオリン製

作の事例」『京都マネジメント・レビュー』第 11 号, 19-31 頁。
大木裕子（2009）『クレモナのヴァイオリン工房～北イタリアの産業クラスターにおける技術継承とイノベーション』文眞堂。
大木裕子（2010）「欧米のピアノ・メーカーの歴史～ピアノの技術革新を中心に」『京都マネジメント・レビュー』第 17 号, 1-25 頁。
佐伯靖雄（2008）「イノベーション研究における製品アーキテクチャ論の系譜と課題」『立命館経営学』第 47 巻第 1 号, 133-162 頁。
武石彰・青島矢一（2007）「部分としての製品：製造業におけるアーキテクチャの革新」『組織科学』第 40 巻, 第 4 号, 29-39 頁。
Ulrich, K.T. (1995), "The Role of Product Architecture in the Manufacturing Firm," *Research Policy* 24, pp.419-440.
山田英夫（2008）「課金と利益の視点から見たビジネスモデルの考察」『早稲田国際経営研究』第 39 号, 11-27 頁。

第4章

ヤマハのブランド・マネジメント
～ザ・サウンドカンパニー"YAMAHA"の
　ブランド・パーソナリティ～

1. はじめに

　ヨーロッパでは16～18世紀に楽器製造が始まったのに対し，日本発のヤマハは1888年創業と後発であるが，幅広い製品ラインを持つフルラインメーカーに成長した。今日では売上高43億ドルとこの業界で圧倒的な規模の企業となったヤマハは，2位以下を大きく引き離しているのは前章でみたとおりである（図表3-1）。

　ヤマハについての研究としては，前述のように前間他（1995）が日本のピアノ普及の歴史についてまとめており，ヤマハの技術開発に携わる林田他（1997）がピアノの構造の発達を機械工学の観点から示しているが，経営学の観点からの研究は少なかった。経営学では，志村（2006）がヤマハを世界ブランドとした歴代の経営者のベンチャー精神を分析し，鈴木他（2011）は電子ピアノ分野への参入に関しての研究の中で，ヤマハの競争優位の源泉は「芸術性」を活用した参入障壁の構築によるものであるとした。また，田中（2011）は経営史の観点から高度経済成長期のピアノ・オルガン市場におけるマーケティング戦略について，ヤマハの競争優位と音楽教育，予約販売，特約店管理の関連性を指摘している。また，大木・山田（2011）はヤマハの楽器生産のアーキテクチャについて分析し，木材を使用した楽器分野でのフラグシップの獲得はモジュール化と擦り合わせ技術をうまく組み合わせる設計思想によるものであることを明らかにした。しかし，総合楽器メーカーとしてのヤマハのマーケティング戦略についてはこれまで十分な研究がされて

こなかった。

　そこで本章では，楽器業界においてなぜヤマハだけが大企業になることができたのかを考察するために，ヤマハのブランド・マネジメントについてブランド・パーソナリティの視点から分析したい。分析に使用したデータは，ヤマハ及び楽器業界に関する公開資料と，2007年〜2010年にかけて実施したヤマハ関係者，楽器業界関係者へのインタビュー・データ[1]である。

2. ブランド・パーソナリティの研究

　アーカー（1991）は，企業のブランド構築の方向性を示す上で，ブランド・アイデンティティの確立が必要であると提唱した。ブランド・アイデンティティを明確にし，顧客に伝え続けていくことで，企業は無形資産であるブランド・エクイティ[2]を高めることが可能となる。ブランド・アイデンティティとは「ブランド連想[3]のユニークな集合」であり，「製品としてのブランド」，「組織としてのブランド」，「人としてのブランド」，「シンボルとしてのブランド」という4つの視点から捉えることで，企業はより強いブランドを構築できるとされる。本稿で扱うブランド・パーソナリティは，ブランド連想の中で「人としてのブランド」に当てはまる概念である。

　ブランド・パーソナリティについての研究は，1980年代からヨーロッパにおいて，ブランドが人と同様のパーソナリティを持つという概念のもとで始められ（Sirgy 1982, Plummer 1984），その後アーカーなど（Aaker, D.A. 1996, Aaker L.J. 1997, 1999, Aaker, L.J. *et al.* 2001, Capara *et al.* 2001）により展開されていった。Plummer（1984）によれば，ブランド・パーソナリティは，製品自体が多様なマーケティング手段を通じてどのように現れているかと同時に，消費者の体験・認知を通じて，さらに消費者の価値・文化系統の役割を通じて消費者に最終的にどのように理解されているか，という2つの視覚から捉えるべきであるとされる。さらに，アーカー（1997）は37の有名ブランドについて114項目のパーソナリティ特性をアンケート調査で調査し，ブランド・パーソナリティを誠実（堅実，正直，健

全，励まし），刺激（憧れ，勇気，想像力，斬新性），能力（信頼，知性，成功），洗練（上流階級，魅力），素朴（アウトドア，頑固さ）[4]の5つの因子15項目から測定できると規定した（BPS＝Brand Personality Scale）[5]。

　アーカーによれば「ブランド・パーソナリティは，あるブランドから連想される一組の人間的特徴である」と定義される。企業のブランド・パーソナリティの特性は，5つの因子の一つまたは組み合わせ，強弱によって表現され，メガブランドにはいくつもの因子を兼ね備えているものも多い。また，強いパーソナリティを持つ因子を持つ場合，同じ因子内の他の項目にも展開することができるという。

　アーカー（1997）のBPSは，ブランド・パーソナリティ研究の基盤となっているが，この他，ブランド・パーソナリティの測定には，Y&R社のパーソナリティ分類，円環モデルなどの枠組も使われている。Y&R社による測定は，物語の登場人物のパーソナリティを13のグループに類型化し，ブランド・パーソナリティはそのいずれかに当てはまるものとする手法である。また，円環モデル（阿久津・石田 2002，相内他 2005）はBPSと同様に人格心理学の理論に基づいているが，パーソナリティの概念をさらに精緻化し，パーソナリティ特性間の関係も考慮している。どの枠組を使うにせよ，企業のブランド構築において，製品属性や機能的便益だけに焦点をあてるだけでは差別化が難しいことから，ブランド・パーソナリティの概念を取り入れることで，より興味深いアイデンティティを構築できると考えられている。

　ブランド・パーソナリティは，マーケティング活動，経営者，社員，ユーザーのパーソナリティにより形成されており，ブランド・イメージの核心となる部分でもある。消費者は，ブランド・パーソナリティと自己概念の一致するブランドを好んで選択していく。自己概念とは，具体的には信頼性，ファッション性，成功性といったパーソナリティ上の特徴，及び性別，年齢，社会的地位といった人口統計学的な特徴を含んでいる。消費者の持つ自分のイメージとブランド・パーソナリティのイメージが合致するほど，高い自己一致性が現れ，一致する程度が高いほど消費者のブランド選好が高くな

るといった，消費者の行為に肯定的な影響を与えることがわかっている（胡他 2006）。ブランド・パーソナリティは，消費者に対して人間同士のようなリレーションシップのパートナーとしての価値を与えることができると同時に，消費者は自己イメージに類似したイメージを持つブランドを購入することにより，自己表現価値を獲得することができる。ブランド・パーソナリティにより，企業は消費者と長期的なリレーションシップを形成することができる。

　これまでのブランド・パーソナリティについての研究では，アパレル，香水，シャンプー，コーヒー，ビールなどを対象とした自己イメージの先行要因としてのイメージ（J.Aaker 1999），アパレルブランドを対象としたユーザーイメージとブランド・パーソナリティの比較（Helgeson and Supphellen 2004, Assarut 2007），ブランド・パーソナリティの直接効果（携帯電話 Kim et al. 2001, ミネラルウォーター Freling and Forbes 2005）など，研究対象は購入が容易なコモディティが主で，ラグジャリー・ブランド[6]や非日常品に関する研究は少なかった[7]。楽器についても，ブランド・パーソナリティの研究はおこなわれていない。そこで本稿では，楽器業界最大手のヤマハを取り上げ，ブランド・パーソナリティについて考察することにする。

3. ヤマハの多角化とブランド・パーソナリティの確立

　楽器メーカーとして知られるヤマハだが，ヤマハはこれまで楽器ばかりでなく，家具，オートバイ，スポーツ用品，モーターボート，音響機器に至るまで多岐に渡る製品を生産・販売してきた。製品は全て「YAMAHA」という企業ブランドで統一している。「ある製品クラスにおいて確立されたブランド・ネームを他の製品クラスに参入するために使用すること」[8]をブランド拡張といい，ヤマハが楽器メーカーでありながらここまで大きな企業として成長してきたのは，ブランド拡張を効果的に利用してきたためであると考えられる。消費者が新製品を評価・購入する際にブランドを手がかりとする

傾向や，当該ブランドの有するブランド力の移転する程度の高さが高いほど，ブランド拡張効果が高まる[9]。そこで，まずヤマハが多角化を通じて，どのようにブランドを拡張し，ブランド・パーソナリティを確立してきたのかについて提示していきたい。

(1) ヤマハの基盤づくり

ヤマハの歴史は1887（明治20）年に遡る。オルガンの製造に成功した山葉寅楠により，1889年ヤマハ株式会社の前身となる合資会社山葉風琴製造所[10]が設立され，「顧客を学校関係にしぼって量産に邁進」[11]した。1900年よりアップライト・ピアノ，1902年よりグランド・ピアノの製造を開始し，日露戦争後の好景気下の国内の経済的・文化的生活の向上に伴って，ヤマハは売れ行きを目覚しく伸長させていった。木工・塗装に関する技術を社内に蓄積することで，1903年には高級木工家具の製造も開始している。1914年にはハーモニカ[12]を生産し欧米各国にも輸出，同時に木琴，卓上ピアノ，卓上オルガンなどの製造も開始した。

しかし，1922年の本社工場の火災や翌年の関東震災，さらに1926年の大規模な労使紛争によりヤマハは倒産寸前まで追い込まれることになった。1927年，企業再建のために住友電線からきた3代目社長川上嘉市は，楽器製作を勘から科学へと変換するために合理的な生産を進めていった。1930年には音響実験室を開発し，1936年には国内洋楽器需要の85パーセントを供給するまでに発展した[13]。戦時中は航空機用の木製プロペラの製造など軍需産業に移行したが，戦後はハーモニカ，ピアノ生産の復興の中で多角化の基礎を築いていった。1949年に社長に就任した川上源一のもと，銀座には「我々はこの東京支社ビルを『楽器の殿堂』とするのだ」[14]と東京一美しい店[15]が建設された。1953年には山葉ホールも会場し，ヤマハは銀座の文化的イメージを示すシンボルの一つとなった。川上は「安くてよい品物を作って，学校以外の一般の需要を喚起するとともに，外国の商品との競争にも打ち勝って，さらに輸出を増進させることが必要である」[16]とし，1954年にはヤマハ音楽教室の前身となる幼児のための音楽実験教室を開設した。ヤマハ

の楽器生産には科学的管理法が導入され，ピアノのアクション，アコーディオン，ハーモニカなどがコンベア化された流れ作業で進められるようになったことが，世界トップの楽器メーカーと躍進するための転機となった。1956年には「木材乾燥室」[17]を完成させることで，「木枯らし」と呼ばれる木材の経年乾燥期間も大幅に短縮できるようになった。R&Dに力を入れ1959年には基礎研究のヤマハ技術研究所，技術者を内製するために1960年にはピアノ技術学校（現ピアノテクニカルアカデミー）を設立した。

(2) 多角化によるブランド拡張期

1956年より音楽教室の設置が本格化されて，独自のメソッドが作られるとともに，各支店・特約店の協力により短期間に全国的な組織を完成させていった。その一方で，「楽器は半永久的に使用でき，演奏する人しか購入しないことに加え，原料の木材には資源の限界があり，コストの値上がりが製品にそのまま反映できないという性質を持つ」[18]として，楽器以外の生産に目が向けられ，オートバイの生産が開始され，1955年にはヤマハ発動機株式会社が設立された。基礎研究所ではFRP (Fiber-Glass Reinforced Plastics) の研究が進められ，アーチェリー，ボート，スノーモービル，テニスラケットなどのスポーツ用品やバスタブなどが開発されていった。

楽器部門では，アコースティックだけでなく電子楽器への参入が早くから試行されていた。1959年にはエレクトーン（電子オルガン）が販売されたが，これが若い世代のポピュラー音楽へのニーズに合致する楽器だった[19]こともあって，社内ではピアノに次ぐ販売ウェイトを占めるようになった。エレクトーンで蓄積されたエレクトロニクスの技術は，その後オーディオ，スピーカーなどに応用されていった。また，後の電子ピアノやシンセサイザーの開発では，小林他（2009）の指摘するように，アコースティックな楽器メーカーならではの「芸術性」を武器として，ヤマハは競争優位を確立することができた。

戦前から製作されてきたギターは，高級手工ギターを開発する一方で，1964年より電気ギターの開発に着手し，1976年にはピアノ材と同じ高級木

材を使用したハンドメイド・ソリッド・ギターを発表し，既存メーカーを抜いて電気ギターのフラグシップとなった。電気ギターと同時に開発を進めてきたギター・アンプも，PA（パブリック・アドレス[20]）普及により，音量・音質ともに顧客のニーズを満たすものとしてフラグシップ製品となった。また，1965年よりドラムにも着手し，マーチング・ドラム，ジャズドラムの技術開発に伴うコンサート・ドラムの高い評価で，この分野でもフラグシップを確立している。また，1953年には木琴，1957年大型シロホン，1966年マリンバ，1967年鉄琴など鍵盤打楽器にも着手している。

管楽器では，1902年より管楽器の生産を手掛けていた老舗日本管楽器株式会社[21]との技術提携（1962年）により，①機械的な精度を上げること，②音程が正しいこと，③音色が美しいこと，を主眼としてピアノの大量生産技術，治工具専用機の設計に関わる技術力を駆使することで，完成度の高い製品を開発してきた。これまでの吹きづらい，音程がとりにくいのが当然という管楽器の常識を覆すような最適な管体形状を見いだす設計システムを完成させ，伝統的な技術と最新鋭の設備を組み合わせた製品を供給できるようになった。1965年のトランペットを皮切りに，1967年にはサクソフォン，トロンボーン，ユーホニューム，チューバを，1968年にはピッコロ，フルート，クラリネット，コルネット，フレンチホルンを発売した。1970年には日本管楽器を吸収合併し，年間20万本以上[22]生産可能な静岡県豊岡工場を設立し，自社開発の専用機械，部品加工・塗装メッキ加工のベルトコンベアシステム，コンピューターによる生産工程の管理，メッキ加工処理後の完全化学処理プラントなどの設備投資がおこなわれた。1972年からのウィーンフィルとの共同開発により，ヤマハの管楽器の知名度は高まっていった。現在では，サクソフォン[23]やフルート[24]が管楽器の主力製品となっている。

弦楽器分野では，1997年にサイレント・ヴァイオリンなどのエレクトリック楽器分野で参入し，2000年にはアコースティック・ヴァイオリンを発売した。弦楽器への本格的な参入が遅かったのは，日本には量産の「鈴木バイオリン」があり，両社が棲み分けの取り交わしをしていたことによる[25]。

これらの多角化は，近代工業技術を駆使した量産を図る中で社内に蓄積さ

れた技術の転用により可能となったものであるが,「各楽器のシナジー効果を狙うというよりは,「より豊かな生活」というコンセプトのもと,社会に有意義な事業を展開していく」[26]というミッションを追求することで,結果的にピアノから電子楽器までを扱う総合楽器メーカーとなった。ブランドを多方面に拡張することで,YAMAHAのブランド・パーソナリティを広く認知させてきたといえる。(図表3-3を参照のこと。)

(3) ブランド・パーソナリティの再確認

このようにヤマハは広範な多角化を推進してきたが,経済環境に不安定な中で,経営再建の必要性から赤字事業からは撤退し,ピアノを主軸とした事業展開に戻るとしている(2009年度ピアノの売上構成比は16.8％[27])。ヤマハのピアノの国内シェアは70％を占めているが,先進国ではピアノは既に斜陽産業であることから,他の楽器での売上拡大を狙うとともに,中国やインドネシアなど新興国でのピアノ販売と音楽教室に力を入れ,アジアのボリュームゾーンを狙っている。

もっとも総合楽器メーカーと言いながら,ヤマハはアコースティックな楽器ではハイエンドのトップブランドをあまり持っていない。世界シェア24％[28]を占める管楽器では一流オーケストラ奏者にも使用されるなど評判を高めてはいるものの,ヤマハのフラグシップ製品といえば,電子ピアノ,シンセサイザーやドラムなど電子・ポピュラー関連の製品である[29]。主力製品であるピアノでは,スタインウェイを目指すとしながらも,フラグシップを取れてこなかった。ヤマハでは,「プロが使用する最高の物だけでは利益は上がらない。演奏家が使用するトップブランドを取らなくても商売になっていた」[30]とし,楽器市場を拡大させてきた。多彩な楽器を揃え国内外に販売店網を拡大してきたため,「トップブランドだけでは,販売店に対して商売が成り立たない」[31]という理由もあった。

もっとも,ヤマハはピアノ事業において,フラグシップを取れないことにフラストレーションも感じてきた。このため前述のように2008年には,ヨーロッパの老舗ピアノ・メーカーであるベーゼンドルファーを買収した。

この買収は,「トップ・アーティストからの関心を集め,選択肢を増やす。中国など新興メーカーなどに対する防衛的意味合いとして,ヤマハの存在感を見せる」[32]ことを狙いとしている。過去日管を合併して管楽器に本格参入して以来,内部開発により製品拡大してきたヤマハだが,トップ・アーティストへの訴求と,アジア製の低価格量産品との競争に勝つために,トップブランドを持つ必要を感じたからであった。このように,ヤマハは主軸をピアノに戻すという方針のもとで,ザ・サウンドカンパニーとしてのYAMAHAのブランドを再確認する時期にさしかかっている。

4. ヤマハのブランド・パーソナリティの特徴

前述のようにヤマハが後発で参入した楽器業界では,既に伝統ある欧米メーカーがフラグシップを握っており,ピアノではスタインウェイ,オーボエではマリゴやロレーというように,多くのメーカーがハイエンド・ユーザーとの信頼関係を獲得していた。このためヤマハは,クラシック音楽でも初心者から中級者にかけてのボリュームゾーンを中心顧客としてきた。クラシックだけでなく,ポピュラーやジャズにもターゲットを広げ,さらに電子楽器やサイレント楽器の開発により,新しい顧客層の開拓を進めてきた。(図表 3-2 を参照のこと。)

従ってヤマハは,ハイエンド・ユーザーを狙う伝統的な欧米メーカーとは異なるブランド・パーソナリティを確立する必要があった。そこで① 開発時におけるブランド・パーソナリティの設計思想,② ブランド・コミュニケーションプロセス,③ 消費者のブランド・パーソナリティの認知,④ ブランド・パーソナリティによる消費者の自己表現価値とパートナーとしての価値の獲得,⑤ ブランド・エクイティとしての企業への還元の 5 つの観点から,ヤマハのブランド・パーソナリティを検討してみたい。

(1) 開発時におけるブランド・パーソナリティの設計思想

ヤマハは「音・音楽を原点に培った技術と感性で新たな感動と豊かな文化

を世界の人々とともに創り続ける」ことを企業理念とし,「先進と伝統の技術,そして豊かな感性と創造性で,優れた品質の商品・サービスを提供し,存在感と信頼感そして感動に溢れたブランドでありつづけます」[33]とする。ピアノの成熟を見越した楽器部門以外も含めた多角化により,利益を主力製品にまわすという方法で,ヤマハは利益の出にくい楽器事業を抱えながらも,今日のような大企業へと成長することができた。多角化では技術の転用が効率的におこなわれてきたが,その多角化戦略は必ずしも長期的視点に基づいたものではなかったことが社内のインタビューからは伺える。しかし,その根底には「音・音楽文化の普及と発展に貢献します」[34]というミッションがあり,経営者たちは設立以来一貫性を持った経営を目指してきた。YAMAHAの企業ブランドのもとで,異業種分野も含めた多角化を進めながらも経営姿勢がぶれてこなかったことが,ヤマハの製品の思想設計の土台となっている。大木・山田 (2011) が指摘するように,楽器の量産化の中でもアーキテクチャの設計思想をアウトソーシングせずに自社でおこない,楽器という製品特有の微妙な擦り合わせのノウハウを蓄積することで品質管理をおこなってきたことは,誠実(堅実さ),能力(信頼性)といった企業の目指す方向性に合致するブランド・パーソナリティを構築するために重要な点であった。

(2) ブランド・コミュニケーションプロセス

ヤマハの楽器事業のマーケティング活動には,大きく6つの特徴があった。① 学校への独占的販売,② ヤマハ音楽教室やブラスバンドの設置による顧客層の拡大,③ 全国的に組織された販売店・特約店,④ 調律師によるアフターサービス,⑤ 電子楽器への早期参入,⑥ 音楽の裾野を広げるコンクールの開催である。

① 学校への独占的販売による経営基盤と信頼性の構築

ヤマハが急速に売上を拡大することができたのは,明治中期に西洋音楽が小学校教育に導入される中で,設立当初に学校を中心とした販路を確保した

ことが大きかった。文部省との結びつきを強く持つことで，公立の小中学校にオルガンやピアノの独占的販売をおこなうという絞り込んだターゲット市場の選定が，企業としての体力を強くする源泉となり，これによって蓄えた利益により積極的な多角化を進めることが可能となった。ヤマハの世界進出に重要な拠点となるアメリカでの展開も，学校への入札の成功が契機となっている。学校で得た「お墨付き」という信頼性のパーソナリティは，他の学校への導入ばかりか，そこで学ぶ子供たちやその親たちをエンドユーザーとして獲得することにつながっていった。

② ヤマハ音楽教室やブラスバンドの設置による**顧客層の拡大**

ヤマハが展開する音楽教室は，1954 年に開設された幼児のための実験教室を経て，1956 年にオルガン教室，1959 年にヤマハ音楽教室と名称を変え，1963 年には生徒数 20 万人，会場 4,900，講師 2,400 名に発展した。1964 年にはアメリカにも進出し，その後 1966 年にタイ，カナダ，メキシコ，その後西ドイツ，シンガポール，台湾，フィリピン，オーストラリア，オランダ，ノルウェー，香港，南ア共和国，イタリア，オーストリアと世界各地にヤマハ音楽教室が開設されていった。音楽教室は，それまでのテクニック重視の厳しい教育メソッドとは異なり，音楽を楽しむ新しいコンセプトで始められたことから，急速に普及していった。国内では，管楽器の開発に伴って全国の学校にブラスバンドも作られ，指導者を派遣して管楽器ユーザーを増やしていった。

このように音楽教室やブラスバンドは，潜在的な消費者を開拓するとともに，ヤマハのブランド・メッセージを伝達するために重要なコミュニケーション・ツールの役割を果たしてきた。

③ 全国的に組織された販売店・特約店

ヤマハでは早い段階から，音楽教室の生徒たちにヤマハの製品を普及させるために，販売店・特約店が全国に整備されていった。これらの店舗には，ヤマハのミッションを共有するよう徹底的な指導がおこなわれた。店舗には

音楽教室が開かれ，普及と販売の双方でYAMAHAブランドを浸透させる拠点となっていった。海外にも1908年大連支店をはじめ，1958年メキシコ，1959年ロサンゼルスと，1966年シンガポール，ハンブルグと欧米やアジア諸国に小会社を設立し，音楽教室とともに積極的な展開を図ってきた。

④　調律師によるアフターサービス

　美しく演奏するために楽器の音程を調整することが不可欠になるが，ピアノは張力が強いためプロの調律師による定期的な調律が必要とされる。ヤマハではピアノテクニカルアカデミーで調律師を自前で養成することで，ピアノを通じて企業と消費者との長期的なコミュニケーションを確保することに成功してきた。調律師によるアフターケアで，ユーザーはヤマハ製品の信頼性を高めると同時に，エンドユーザーの声は企業にフィードバックすることができる。調律師は技術者であると同時に，ヤマハのピアノを周知させる有能な営業マンでもある。

⑤　電子楽器への早期参入

　ヤマハではピアノがすぐに成熟期を迎えることを見据えて他の楽器にも次々と参入してきたが，この中で特に早期から電子楽器の研究開発に着手したことが，ヤマハの楽器メーカーとしての性格を大きく変えていった。図表3-1からも楽器産業では電子楽器，音響機器メーカーが大きな比重を占めていることがうかがえるが，ヤマハはピアノを主軸としながらも，電子楽器でのシェアを拡大し，広い層から堅実なキャッシュフローを獲得できている点が，他の伝統ある楽器メーカーと大きく異なる。伝統的なメーカーが，アコースティックの専門楽器でフラグシップを獲得しようとするためにターゲット層を絞り込んでいるのに対し，ヤマハは電子楽器への参入により，フラグシップが確立していない市場においてマス・ターゲットを獲得することができた。

⑥　音楽の裾野を広げるコンクールの開催

財団法人ヤマハ音楽振興会を設置し，幼児から大人までの音楽教室，音楽指導者の養成と同時に，コンクールを通じた音楽普及活動を展開してきた。1964年からはエレクトーン・コンクール，1967年にはライト・ミュージック・コンテスト（L・M・C），1969年作曲コンクール，1970年国際歌謡音楽祭，1972年ポピュラー・ソング・コンテスト（ポプコン），ジュニア・オリジナル・コンサートなどを通じて，クラシック以外の分野での音楽普及にも努めていった。コンクールは，ユーザーのブランド・ロイヤルティを高めるばかりでなく，大衆にヤマハの製品を認知させ，感動を呼び起こすための重要なコミュニケーション・プラットフォームとなった。

(3) 消費者のブランド・パーソナリティの認知

このように多彩なマーケティング活動によりヤマハのブランドは広く認知されていった。楽器は演奏を通じて評価されることが多いといった製品の特性上，アーティストと切り離して考えることができず，優れたアーティストに好まれる楽器は価値が高いと評価されることになる。十分な演奏技術を持たないボリュームゾーンのユーザーにとっては，自分自身で楽器の価値を判断することが難しい。従って一流のアーティストに使用されることが，ブランド・パーソナリティの構築には重要である。ヤマハはクラシック音楽分野ではなかなかフラグシップを取れなかったが，ポピュラーやジャズに範囲を広げることで，この分野では一流のアーティスト層を獲得することができている。ポピュラーやジャズ分野での成功は，斬新性といった刺激あるブランド・パーソナリティとして，若年層に支持されていった。クラシックの分野では，ようやく近年になってチャイコフスキーコンクールやショパンコンクールなど権威ある国際コンクールでヤマハのピアノを使ったピアニストが優勝するようになり，ヤマハのフラグシップとすべく開発されてきたコンサート・グランド・ピアノも注目を集めてきている。ただ，北米ではオーケストラ協演のうち98％[35]にスタインウェイが使用されており，スタインウェイ・アーティスト[36]として活躍する世界の一流ピアニストは1,600人以上におよぶ[37]。これをみると，ヤマハが主力のピアノにおいてフラグシップ

を取っているとは言い難い。

(4) ブランド・パーソナリティによる消費者の自己表現価値とパートナーとしての価値の獲得

　ヤマハのピアノは品質が安定していて弾きやすいと評判である。個性的な音やタッチというよりは万人向けの楽器を生産している。一方でプロに好まれるスタインウェイはタッチが重く，弾きこなすのが難しい個性の強い楽器である。ヨーロッパのベヒシュタインやベーゼンドルファーは，気品のある独特のサウンドを持っている。これらのメーカーに比べると個性の少ないヤマハのピアノは，無色・無臭なブランド・パーソナリティを持つ。大木 (2006) の示すように，無色・無臭のパーソナリティはユーザーが自分のパーソナリティを投影しやすいという性質を持っている。だからこそ，多くの人に受け入れられ，愛される可能性が高いといえる。このためにヤマハでは初心者からミドル・ユーザーのボリュームゾーンを獲得してきた。

　YAMAHAのブランドがハイエンド・ユーザーに「憧れ」を持って認知されているかといえば，少なくてもアコースティックの分野では，フラグシップを持つスタインウェイやヨーロッパのメーカーには敵わない。しかし，多様に展開する製品のどれを取っても，リーゾナブルな価格と信頼性という意味では消費者を裏切ることはなかった。かつては，高度成長期の日本の西洋文化志向の中で，優雅さを象徴するピアノは庶民に「憧れ」をもって購買されていった。その後，日本では中産階級が大半を占めるようになり，YAMAHAのブランド・パーソナリティはアマチュアからセミプロといった中間層で構成されるボリュームゾーンのユーザーのパーソナリティと合致して，消費者に安心感を与えてきた。子供の頃からの音楽教室の「ヤマハの音」での体験が消費者の嗜好性を構築してきたこともあって，ヤマハの固定ファンを広げてきたと考えられる。さらに，音楽という幅広い年齢層や言語を超えたコミュニケーションのツールとして，ヤマハの各種の楽器は感動の機会を共有する役割を果たしてきた。YAMAHAのブランド・パーソナリティは，まさに平均的日本人のパーソナリティと合致してきたのである。

(5) ブランド・エクイティとしての企業への還元

　ヤマハは企業ブランドとして YAMAHA を使用することで，自社製品の商品販売を一括して促進できるというメリットを得てきた。特に日本の単一文化，所得格差の小ささといった社会背景の中で，ブランドは広範囲に共有され消費者の間で財の存在や属性について情報が伝達されやすいという性格を持っている。誠実・能力・刺激といったヤマハのブランド・パーソナリティは消費者に安心感を与え，次々と展開する製品にも付加価値を与えている。

　YAMAHA のブランドは，インターブランド社による 2011 年度日本のグローバル・ブランド[38]のランキングで 21 位を獲得しており，その資産価値は 7 億 5,900 万ドルと評価されている。ヤマハ発動機株式会社と楽器のヤマハ株式会社が合算され YAMAHA のブランドを評価されており，マーケットで得た利益で多角化を展開しブランド拡張をおこなってきたヤマハが，相乗効果的に信頼性の高いブランドとして認知されていることがわかる。ヤマハ発動機のオートバイ，ボートといった製品はアウトドアでの頑強なイメージを与え，YAMAHA のブランド・パーソナリティをさらにダイナミックなものとして補強する役割を果たしたといえる。

5. ヤマハ，今後の課題

　伝統的なメーカーがフラグシップを握る楽器業界において，ヤマハは多角化戦略によりフォロワーからリーダーへとポジションを獲得することに成功してきた。音楽部門では，音楽教室により音楽愛好家層を拡大し，適度に高品質な楽器を量産により低価格で提供することで市場を広げ，音楽産業の成長に大きく貢献してきた。ヤマハがトップブランドとしての憧れを持たれるブランド・パーソナリティを構築できたというよりは，無色無臭のブランド・パーソナリティがユーザーの自己投影を可能とさせ，万人に愛されるブランド・パーソナリティが確立したともいえる。その意味では，ヤマハのブランドは，個性の薄い「無難」なブランドなのである。

ヤマハは楽器メーカーとしては後発であったために，技術開発の途上では製品の評価を自分ですることが難しい初心者から中級者のユーザーをターゲットとする必要があった。そのために，手作業が中心だった楽器生産に科学的管理法を取り入れて分業・量産体制を整備し，優れたマーケティング戦略によって，結果的にボリュームゾーンを取ることで大きな利益につながった。これは2011年日本初ブランド第1位のトヨタの戦略と似ている。トヨタは，カローラでボリュームゾーンを狙うことで，利益を獲得してきた。もっともトヨタとヤマハには決定的な違いがある。トヨタは上級機種にレクサスやクラウン，高級社用リムジンの代表格センチュリーといったトップブランドを有している。これに対しヤマハのフラグシップといえば，アンプやシンセサイザーで，主力のピアノではフラグシップを取っているとは言い難い。ヤマハがヨーロッパの老舗ベーゼンドルファーを買収しても，YAMAHAには既に確立したブランド・パーソナリティがあるために，消費者がベーゼンドルファーをヤマハのイメージと結びつけることはない[39]。この意味では，主軸とするピアノにおいてフラグシップを持たない限り，YAMAHAは誠実・能力・刺激といったブランド・パーソナリティを持っていても，真に憧れのあるブランドとは成りえない。トヨタはかつて「いずれクラウン」といった憧れを消費者に提供してきたが，ヤマハのピアノが「いずれはスタインウェイ」であれば，ヤマハのブランド構築の戦略としては成功とはいえない。ヤマハがプロのピアニストから選ばれるようになれば，「無難なブランド」から一歩抜け出た，洗練さを備えた魅力的なブランド・パーソナリティへと躍進することができるだろう。

注

1　ヤマハ株式会社　取締役・常務執行役員・楽器事業統括　岡部比呂男氏，執行役員・広報部長　三木渡氏，広報部広報グループ・マネジャー　二橋敏幸氏，広報部広報グループ・広報担当次長　田仲操氏，ピアノ事業部・生産部・GP生産担当次長　村松富男氏，管打楽器事業部・商品開発部・管楽器設計課・課長　庭田俊一氏，管打楽器事業部・マーケティング部・B&O営業課・課長代理（ストリング担当）中林尚之氏，広報部・広報グループ・課長代理　伊藤泰志氏。
2　Aaker（1991）によれば，ブランド・エクイティが含む資産として「ブランド・ロイヤリティ」「ブランド認知」「知覚品質」「ブランド連想」「他の所有権のあるブランド資産」（パテント，トレードマーク，チャネル関係など）があげられる。

3 Keller (1993) は，ブランド知識をブランド認知とブランド連想の 2 つに区分し，ブランド連想を「消費者の記憶の中のブランド連想を投影するブランドに対する認知」と定義している。
4 原文は，Sincerity(down-to-earth, honest, wholesome, cheerful), Excitement(daring, spirited, imaginative, up-to-date), Competence(reliable, intelligent, successful), Sophistication(upper class, charming), Ruggedness(outdoorsy, though).
5 松田 (2005) は日本では誠実の因子に代わる内気因子があることを指摘している。
6 長沢 (2002) はブランド・マネジメント論においてラグジャリー・ブランドの研究が少なかったことを，マス・マーケティングの視点からのブランドパワーの測定法を用いており，ブランド研究がアメリカ中心に進められてきた点にあることを指摘している。
7 黒岩 (2005) テキストマインニングによるトヨタ自動車のブランド・イメージと好意度の研究，胡他 (2006) の中国の自動車のブランド・パーソナリティの研究などがある。
8 Aaker and Keller (1990), p.27.
9 梅本他 (1996), 81 頁。
10 1888 年に浜松市に山葉風琴製造所を創設している。1897 年には日本楽器製造株式会社（現ヤマハ株式会社）とした。
11 日本楽器製造株式会社 (1978), 13 頁。
12 ブランド名は蝶印ハーモニカ。
13 日本楽器製造株式会社，前掲書，62 頁。
14 同上，120 頁。
15 同上，122 頁。
16 同上，124 頁。
17 従来の人工乾燥室後 3 カ月から 1 年かけて自然に含水率の均質化を図る「枯らし」の処理を半日から 4 日間で完了させる性能を備えていたため，膨大な時間と労力のロスを省き，経営の効率化・品質の向上に大きく寄与した。
18 日本楽器製造株式会社，前掲書，152-153 頁。
19 同上，168 頁。
20 ステージ上の演奏・歌声を十分な音量・音質で客席に届ける増幅装置（アンプ）。
21 1892 年より管楽器の修理をはじめ 1902 年よりトランペットなどの製作を開始した江川楽器製作所（1918 年に日本管楽器製作所，1937 年に日本管楽器株式会社）が，戦後日本管楽器として再開した（通称ニッカン）。
22 当時アメリカのコーン社 (10 万本)，ルブラン社 (8 万本) 日本楽器製造株式会社，前掲書，238 頁。
23 2009 年実績で同社管楽器売上の 30%を占める。
24 同 17%を占める。
25 大木 (2007)「ヤマハはピアノ，ヴァイオリンは鈴木という暗黙の取り決めがヤマハと鈴木バイオリンとの間に交わされていた」ことから，それまで本格的に参入しなかった。
26 三木渡氏。
27 2010 年 3 月の全社売上 4,130 億円の見込みに対して，ピアノ売上 694 億円（アコースティック・ピアノ：401 億円，電子ピアノ：287 億円，ハイブリッド・ピアノ：6 億円）「ヤマハグループ中期経営計画（2010 年 4 月～2013 年 3 月）」(2010.4)。
28 ヤマハ，2009.8.5，豊岡工場でのヒアリング 2 位はコーン・セルマーの 13%。
29 田仲操氏。
30 三木渡氏。
31 同上。

32 三木渡氏。
33 志村和次郎（2006）161頁。
34 ヤマハグループ CSR 方針　Annual Report 2011。
35 スタインウェイ　2008年／2009年実績。
36 コンサートで自らの意志でスタインウェイを選んで弾くアーティスト。
37 スタインウェイ&サンズ社　ホームページ。
38 財務分析，ブランドの役割分析，ブランド分析（市場でのブランドのポジション，消費者の認知・好感度，イメージ，ブランドに対するサポートなど）により評価している。
39 管楽器の競合セルマーは，スタインウェイ社を買収し，スタインウェイ・ミュージカル・インスツルメンツと名称変更し総合楽器グループを形成することで，スタインウェイのブランド力を使っている。

第4章の主な参考文献

Aaker, D.A. and K.L. Keller (1990), "Consumer evaluations of brand extensions," *Journal of Marketing*, 54, pp.27-41.

Aaker, D.A. (1991), *Managing Brand Equity: Capitalization on the Value of a Brand Name*, New York, The Free Press. (陶山計介他訳『ブランド・エクィティ戦略』ダイヤモンド社，1994年。)

Aaker, D.A. (1996), *Building Strong Brands*, New York, The Free Press. (陶山計介他訳『ブランド優位の戦略』ダイヤモンド社，1997年。)

Aaker, L.J. (1997), "Dimensions of Brand Personality," *Journal of Marketing Research*, 34 (August), pp.347-56.

Aaker, L.J. (1999), "The Malleable Self: The Role of Self-Expression in Persuasion," *Journal of Marketing Research*, 36 (February), pp.45-57.

Aaker, J., V. Benet-Martinez, and J. Garolera (2001), "Consumption Symbols as Carriers of Culture: A Study of Japanese and Spanish Brand Personality Constructs," *Journal of Personality and Social Psychology*, 81(3), pp.492-508.

Assarut, N. (2007)「ブランドのシンボル的な価値の測定方法と効果」『一橋商学論叢』2(2), pp.61-74.

相内正治，二宮宗，石田茂，阿久津聡（2005）「ブランド・パーソナリティ構造の円環モデルとその実務への応用」『マーケティング・ジャーナル』98号，4-19頁。

阿久津聡，石田茂（2002）『ブランド戦略シナリオ』ダイヤモンド社。

Barron, J. (2006), *Piano : The Making of a Steinway Concert Grand*, Times Books. (忠平美幸訳『スタインウェイができるまで』青土社，2009年。)

Caprara, V.G., C. Barbaranelli and G. Guido (2001), "Brand Personality: How to Make the Metaphor Fit?" *Journal of Economic Psychology*, 22(3), pp.377-395.

Freling, T.H. and L. Forbes (2005), "An Empirical Analysis of the Brand Personality Effect," *Journal of Product & Brand Management*, 14(7), pp.404-413.

林田甫・竹村晃（1997）「ピアノの歴史」『日本機械学会誌』Vol. 100 No.941, 415-417頁。

Helgeson, J.G. and M. Supphellen (2004), "A Conceptual and Measurement Comparison of Self-Congruity and Brand Personality," *International Journal of Market Research*, 46(2), pp.205-233.

胡左浩，若林靖永，江明華，張卉（2006）「自己概念，ブランド・パーソナリティとブランド選好に関する研究：中国の自動車ブランドを事例に」京都大学経済学会『経済論叢』177 (5-6)，

392-410 頁。
石井淳 (1999)『ブランド：価値の創造』岩波書店。
Kim,C.K., D. Han and S. Park (2001), "The Effect of Brand Personality and Brand Identification on Brand Loyalty: Applying the Theory of Social Identification," *Japanese Psychological Research*, 43(4), pp.195-206.
Lieberman, R.K. (1995), *Steinway & Sons*, New Heaven : Yale University Press.（鈴木依子訳『スタインウェイ物語』法政大学出版局，1998 年。）
前間孝則・岩野裕一 (2001)『日本のピアノ 100 年～ピアノづくりに賭けた人々』草思社。
長沢伸也 (2002)「LVHM モエ ヘネシー・ルイ ヴィトンのブランドマネジメント」『立命館経営学』40(5) 1-25 頁。
日本楽器製造株式会社 (1978)『社史』文方社。
大木裕子 (2004)「ブランドマネジメント」尚美学園大学『紀要』65-77 頁。
大木裕子 (2010)「欧米のピアノ・メーカーの歴史～ピアノの技術革新を中心に」『京都マネジメント・レビュー』第 17 号，1-25 頁。
大木裕子・山田英夫 (2011)「モジュール技術と摺り合わせ技術の共存～何故ヤマハだけが楽器の大企業になれたのか」早稲田大学 WBS 研究センター『早稲田国際経営研究』 No.42, 175-187 頁。
Plummer, J.T. (1984), "How Personality Makes a Difference," *Journal of Advertising Research*, Vol. 24, pp.27-31.
坂上茂樹・坂上麻紀 (2010)「近代ピアノ技術史における進歩と劣化の 200 年－Vintage Steinway の世界－」大阪市立大学経済学部"Discussion Paper No.59.
志村和次郎 (2006)『ヤマハの企業文化と CSR：感動と創造の経営山葉寅楠・川上嘉市の DNA は受け継がれた』産経新聞社。
Sirgy, M.J. (1982), "Self-concept in Consumer Behavior: A Critical Review," *Journal of Consumer Research*, Vol.9, pp.287-300.
Smithsonian Production & EuroArts Music International, *300 Years of People and Pianos*, DVD.（山崎浩太郎解説「ピアノ，その 300 年の歴史」。）
鈴木信貴・小林英一・高瀬良一 (2011)「ヤマハ―電子ピアノ市場への参入とその競争プロセス」『一橋ビジネスレビュー』2011 SPR, 102-117 頁。
田中智晃 (2011)「日本楽器製造にみられた競争優位性：高度経済成長期のピアノ・オルガン市場を支えたマーケティング戦略」『経営史学』第 45 巻第 4 号，52-76 頁。
利根川孝一，白 静儀 (2008)「ブランド・パーソナリティを用いた定量的分析の提案」立命館大学政策科学会『政策科学』15(2) 13-23 頁。
ヤマハ株式会社 (1987)「THE YAMAHA CENTURY ヤマハ 100 年史」。
Zinkhan, G.J. and J.W. Hong (1991), "Self-Concept and Advertising Effectiveness: A Conceptual Model of Congruency, Conspicuousness, and Response Model," *Advances in Consumer Research*, 18(9), pp.348-354.

第5章

The Art of Making Musical Instruments: Why only YAMAHA could be a big company?

1. Introduction

The global musical products market amounts to approximately $16.3 billion and provided a total of 126,133 jobs in 2011.[1] By country the U.S. market is the largest at $6.63 billion, followed by Japan $2.19 billion, China $1.06 billion and Germany $ 1.02 billion. In the industry, the world's biggest company is Yamaha with sales of $ 4.55 billion, well ahead of all competitors (Figure 5-1).

Figure 5-1 Top 10 Music and Audio Firms (2011)

	Company	Sales	Employees	Country
1	YAMAHA CORPORATION	4,553,930,000	26,557	Japan
2	ROLAND CORPORATION	955,963,000	2,650	Japan
3	KAWAI MUSICAL INSTRUMENTS MFG. CO.,LTD.	741,785,000	2,900	Japan
4	FENDER MUSICAL INSTRUMENTS	700,000,000	2,800	U.S.A.
5	SENNHEISER ELECTRONIC	687,000,000	2,183	Germany
6	HARMAN PROFESSIONAL	613,282,000	1,875	U.S.A.
7	SHURE INC.	427,000,000	2,350	U.S.A.
8	STEINWAY MUSICAL INSTRUMENTS	347,000,000	1,750	U.S.A.
9	KHS/MUSIX CO., LTD.	318,000,000	4,050	Taiwan
10	AUDIO-TECHNICA CORPORATION	304,948,000	536	Japan

MUSIC TRADE DECEMBER 2012 "The Global 225".

Musical instruments are divided roughly into two categories: one is acoustic instruments such as piano, violin, flute, etc. and the other is electronic instruments such as electric guitar, synthesizer, etc. The former are manufactured by small-sized studios where craftsmen have inherited traditional skills. Manufacturers have their own specialty; for instance, Steinway & Sons, Bösendorfer and Bechstein are known as the top three piano manufacturers. The French companies Marigaux and Lorée are famous for oboes, and the German company Heckel is the leading company for bassoons.

Figure 5-2 Musical instrument and its flagship manufacturer[2]

Instrument	Flagship manufacturer
Piano	Steinway & Sons, Böesendorfer, Bechstein
Violin	Stradivarius (17th century old Italian violin)
Flute	Muramatsu
Oboe	Marigaux, Lorée
Clarinet	Buffet Crampon
Bassoon	Heckel
Trumpet	Bach
Trombone	Getzen, Letzsch
Horn	Alexander
Saxophone	Selmer

Figure 5-1 and 5-2 indicate that top selling companies are not necessarily flagship manufacturers. Inferring from the number of world-jobs mentioned above, a flagship company is not a major company but a small-sized company which specializes in a certain category of musical instruments.

The manufacture of musical instruments started between the sixteenth and eighteenth century in Europe, while Yamaha was founded in the late nineteenth century. The company has, however, grown to be a full-line manufacturer with broad product lines, resulting in an overwhelming scaled company. Yamaha produces such instruments as pianos, flutes, saxophones, trumpets, drums, guitars, synthesizers and silent violins, ranging widely over keyboard instruments, wind and brass instruments, percussion instruments and electronic instruments. Although Yamaha is not the flagship for wood-related instruments, for example, violins, oboes, bassoons, etc., it stands on a par with flagship companies in the category of brass instruments such as flutes, trombones and saxophones, since some players in famous orchestras use Yamaha's instruments[3].

Yamaha tried to expand the music market during the high economic growth period in Japan by means of music school, while extending sales channels to schools to popularize music instruments. Those class rooms were also set up in Western countries to create Yamaha users. Yamaha also established brass bands in schools nationwide, sent instructors and held contests for the purpose of expanding the number of wind instrument users.

In categories of instruments where Yamaha joined the market late, traditional Western companies had already appropriated flagships. For instance, Steinway & Sons seized the flagship for piano, and Marigaux was a flagship manufacturer for oboe. Many of these instrument manufacturers captured the high-end users. Accordingly, Yamaha had to target beginner and middle level players as their main customers in classical music. The company also targeted jazz and popular music, and the development of electronic and silent instruments has created new markets.

Nevertheless, the key for growth was not limited to marketing policy. Being able to manufacture musical instruments for a broad range of users enabled Yamaha to become the top instrument maker in the world. This chapter explores the reason why Yamaha was successful and focuses on the production system from the perspective of product architecture. I use the following data: publications regarding Yamaha and the industry, and interviews conducted between 2007 and 2010 of people who are involved in the company and the industry.

2. Prior Literature on Product Architecture

Architecture is defined as the way design elements (functional, structural, and process) are divided and connected to the whole

(Fujimoto, 2013); this definition helps us to understand the characteristics of a system based on the interdependence of its constituents. Product architecture can be classified into "modular" and "integral" architecture according to the degree of interdependence of the components or modules. In the former, a module functions by itself and needs few signals or little energy between modules; therefore, the interface for the modules is relatively simple. In the latter, there is a "many-to-many" correspondence between functions and components, not a "one-to-one" correspondence; moreover, fine tuning is required to design each component for which alignment is necessary. While modular architecture allows for the development of products with "dexterity of combination," the integral type allows the degree of completeness to be raised with "dexterity of integration." Since these types are ideal, actual products are developed in a spectrum between them. Whether the composition is modular or integral depends on the level of components. When a certain product is referred to as modular, the product has strong modularity at the relative upper hierarchy of product function and/or structure (Ulrich 1995; Baldwin and Clark 2000).

An inter-firm alliance can be classified into two types based on the architecture: closed type and open type. In the former, the complete design of the interface between the modules happens in-house. In the latter, there is a standardized design for the interface between basic modules, which is determined at the industry level, beyond the confines of individual firms[4].

Fujimoto and Yasumoto (2000), who analyzed architecture by industry, argued that the integral type can improve product functions by tuning components, and that Japanese firms have strong capabilities of effective and proficient tuning. Since the design and development process of integral-type products requires tight organizational alliance and deep communication, Japanese firms—which are based on long-term employment and trade—have strong capability for developing integral products. This capability allowed Japan to produce quality products such as vehicles, motorcycles, and gaming software, which require dexterity of integration.

Based on the musical instruments discussed in this chapter, they can be positioned as typical products that require skillful integration, such as the tuning of musical intervals and tone color.

3. Yamaha's Musical Instruments

(1) Transition of Diversification

Torakusu Yamaha, who succeeded in building a reed organ in 1887, founded the Yamaha Reed Organ Workshop in 1888 in Hamamatsu city, Japan. The following year, he established the limited partnership Yamaha Reed Organ Factory, making it Nippon Gakki Co, Ltd. (the present Yamaha Corporation). The company began producing upright pianos in 1900 and grand pianos in 1902, accumulating skills in woodwork and painting.

In 1903, the company started to manufacture luxury wooden furniture, and diversified to metal propellers during World War II. Utilizing this technology, it proceeded to manufacture motorcycles in the 1950s and audio equipment in the 1960s; subsequently, the company advanced to the development of resorts and the manufacture of sporting goods such as boats and tennis rackets.

Yamaha began manufacturing harmonicas in 1914 and sold guitars in the 1940s; it entered the world of wind instruments, beginning with trumpets. In 1970, the company acquired a well-established maker, Japan Wind Instruments, resulting in the acquisition of a wide product line of woodwind instruments (saxophone, flute, clarinet, etc.) and brass instruments (trumpet, trombone, tuba, horn, etc.). Initially, Yamaha refrained from making violins to distinguish itself from the major Japanese violin maker, Suzuki Violin[5]. However, it manufactured the silent violin in 1997, entering the field of electric instruments; subsequently, the acoustic violin was launched in 2000. Yamaha also deals with electric instruments such as drums and synthesizers (Figure 5-3). Over the years, Yamaha has pursued its mission of developing social business with the aim of promoting an "affluent life," without keeping an eye on the synergy effect of various instruments[6]. Thus, it has become a general musical instrument maker, dealing with pianos to electric instruments.

Figure 5-3 The history of YAMAHA's diversification

	Musical Instruments	Others
1887	Organ	
1900	Upright piano	
1902	Grand piano	
1903		Furniture
1911		Plywood
1914	Harmonica(mouth organ)	
1915	Xylophone, Table piano, Table organ	
1921		Wood propeller for air plane, Special order furniture
1922		Gramophone
1926		Interior decoration
1931		Metal propeller for air plane
1932	Pipe organ	
1933	Accordion	
1935	Electronic organ	Book shelf, Chair
1945	Pianica	
1950	Full concert grand piano	
1954		HiFi player, Motorcycle, Organ school
1955		YAMAHA Motor Co., Ltd.
1959	Electone(electronic organ)	YAMAHA music school, FRP archery
1960		Motor boat (later transferred to YAMAHA motor co., Ltd.)
1961		FRP ski, Bath tub, R&D (Iron/Aluminum/Copper)
1962		YAMAHA Recreation Co., Ltd.
1964		First Electone competition
1965	Trumpet, Marimba	
1966	Electric guitar, Drum, Solid guitar, Amplifier	YAMAHA Music Foundation
1967	Saxophone, Trombone, Euphonium, Tuba	NS speaker, First Light music competition), Resort development (Nemu nosato)

3. Yamaha's Musical Instrumentss

1968	Piccolo, Flute, Clarinet, Cornet, French horn	NS stereo system
1971		IC
1972	Co-development with Wien Philharmonic (Brass)	First Junior original concert JOC)
1973		Tennis racket
1974	Synthesizer, Recorder	PA mixer, Speaker system, Resort development (Tsumagoi)
1975		Unit furniture, System kitchen
1976	Electric grand piano	PA power amplifier, PA speaker system,
1980	Porta sound	R&D(Titanium alloy), PA mixer
1981		Ski wear, Badminton, LSI, YAMAHA piano technical academy
1982	Piano player	Golf club, CD player
1983	Clavinova, Digital synthesizer	Custom LSI, Personal computer
1984		Industrial robot, LSI for FM sound, LSI for graphics
1986	Piano player with MIDI	DSP effecter, Digital sound field processor
1987		Wind MIDI controller, English school, First Band Explosion Competition
1989		Sound proof room
1990		YAMAHA Resort Co., Ltd., Super Woofer, AV amplifier, Music sequencer
1991		Thin magnetic head, Titanium golf club, Resort development(Kiroro), Active speaker
1993	Silent piano	Computer music system, Karaoke communication system (with Daiichi Kosho Co., Ltd)
1995	Electronic grand piano	Remote router
1996	Silent session drum	Theater sound system in the Living room
1997	Silent violin	
1998	Silent cello	First prize in Tchaikovsky piano competition: Denis Matsuev with YAMAHA
1999		Internet music distribution system MidRadio, Multimedia amplifier with USB
2000	Acoustic violin, Silent base	Melodic ringtone

2001	Silent guitar	Music school for adults
2002	Silent viola	First prize in Tchaikovsky piano competition: Ayako Ueno with YAMAHA
2008	Bösendorfer, TENORI-ON	
2010		First prize in Chopin piano competition: Yulianna Avdeeva with YAMAHA

While Yamaha has diversified its businesses, pianos constitute the core of its business (its component rate to sales in FY 2009 was 16.8%[7]); the market share of Yamaha's pianos in Japan is 70%. However, the market of pianos has matured in advanced countries. Yamaha aims to increase the sales of pianos and other instruments to a larger customer segment and music schools in emerging Asian countries such as China, Indonesia, and so on.

Being a general musical instrument manufacturer, Yamaha has few top brands for high-end users. In recent years, its woodwind instruments such as saxophones and flutes have been getting good reviews. However, Yamaha's flagship products are its electric instruments; popular products include electric pianos, synthesizers, and drums[8]. The company aimed to emulate the success of Steinway & Sons in manufacturing pianos, which are key products for Yamaha; however, it failed to achieve this goal. Yamaha recognized that dealing with professional-use products alone was not profitable, and that non-brand products could help to expand the instruments market, even without the top-brand products that professional musicians use[9].

Yamaha was frustrated that it did not have a flagship product for its piano business. Therefore, it acquired the well-established European piano maker Bösendorfer in 2008. The purpose of this acquisition was to add alternatives for attracting the attention of top artists and to show Yamaha's defensive position in the face of competition from start-ups in China[10]. In the past, by entering the wind instruments business by merging with Nikkan, Yamaha had developed and expanded its products in-house. The company, however, has come to understand the necessity of having top brands to appeal to top artists and to compete with low-end products made in

Asian countries.

(2) Manufacturing and Contractors

Yamaha's musical instruments include custom-made and mass-produced products. This two-way production comes from "the method of quantitative data-dependent judgment for measuring musical intervals and resonance, because the company cannot match the history and tradition of Western top-ranking piano makers."[11] From the 1970s to the 1980s, the company invested a significant amount in production lines for pianos. While the production lines were automated, some processes required manual work for integration. Such manual work was required for not only custom-made pianos but also mass-produced ones. Yamaha aims at automation to avoid variations cause by manual work and to ensure uniformity by replacing manpower with machines. Investment in equipment for wind instruments commenced in the 1980s with the installation of robots; however, the fundamental manufacturing processes remained unchanged. A Yamaha's director mentions that materials and effort are critical to pianos, and effort is critical to wind instruments[12]. The difference between custom-made and mass-produced products is the scale of standardization; custom-made products require more integrated processes.

Yamaha's suppliers manufacture and process most of the components and parts of the instruments. Major companies such as Yamaha and Kawai have many suppliers in Hamamatsu, where the bulk of manufacturing instruments is built. Therefore, even small-sized piano makers can build their original brand of pianos using these suppliers.

(3) Manufacturing of Representative Musical Instruments

This section explains the characteristics of musical instruments and the manufacturing process for pianos, violins, and saxophones. Among all the musical instruments, pianos require the most parts/components. The violins manufactured today cannot compete with the Stradivarius instruments crafted between the sixteenth and seventeenth centuries. Many companies manufacture violins to that are intended to rival those of Stradivarius; however, their products sound different even with the same dimensions. Violins require a craftsman's skill in assembling the bodies and other details. While saxophones have brass bodies, the sound is created with the quaver of a reed attached to a mouthpiece. Thus, saxophones are typical wind instruments with the characteristics of both wooden and brass instruments.

[1]　Pianos

　　The fortepiano, which was invented around 1700, was manufactured in Germany thirty years later; it was produced mainly in England during the Industrial Revolution (Oki, 2010). When piano playing moved from the salons of kings and lords to the guest rooms of the newly rising classes and the concert halls (which had a capacity of a few thousand), greater volume was required for pianos. Following the change, the action and frame were significantly reformed, leading to the present form.

　　From the late nineteenth century onwards, in addition to the existing makers such as Bösendorfer and Streicher in Vienna and Erard, Pleyel, and Herz in France, start-ups such as Bechstein and Blüthner in Germany and Steinway & Sons in the U.S. joined the fray, leading to fierce competition. In Europe, the obsession with the traditional manufacturing process led England to drop out of the competition, while German makers extended their market share. As Steinway and Chickering in the U.S. accelerated innovation, the center of manufacturing moved from Europe to the U.S. In the twentieth century, mass production advanced in the U.S.; piano manufacturers kept the world market in perspective to start sales. After WWII, Yamaha's launch into the world market made quality, low-priced pianos widely available.

　　Pianos have a complex mechanism, and they are composed of many parts/components made of wood, iron, felt, etc. Therefore, piano are considered to be mechanical instruments. According to Steinway, which manufactures the world's leading grand pianos, a piano has more than 12,000 parts and components[13]. A report discloses an episode involving Steinway[14]. Since Steinway discarded 65% of the components covered with cashmere cloth, they changed from cashmere to Teflon in 1962. The following year, they received complaints about noise somewhere. They took a long time and invested much effort to investigate the source of the noise, searching through 1,200 parts/pieces. This episode represents a typical example of the piano's complex mechanism and the importance of architectural integration.

When tapping the keyboards of a piano, the mechanism called "action" moves a hammer to pluck the strings. The strings vibrate to make sound, and the soundboard resounds to amplify the sound. To produce resonance and harmonics, approximately 230 strings are required. This causes tension of about 20 ton, and the tension is balanced by wooden and iron frames and their supports. The quality of pianos is determined by the mechanism and the technology of the parts/components such as frames, soundboard, action, keyboard, strings, and pedals.

The production process of grand pianos involves the following steps: (1) selecting the wooden materials; (2) drying the materials; (3) manufacturing the soundboard; (4) assembling the supports; (5) sealing the sideboard with the supports; (6) installing the soundboard; (7) manufacturing and attaching the frames; (8) putting in the strings; (9) attaching the keyboard; (10) performing various tunings; and (11) finishing the piano. In this process, the wooden materials determine the sound and outer appearance of pianos. Although Steinway purchases quality wooden materials, only about a half of the purchased spruce is good enough for manufacturing pianos[15]. The soundboard is made of a board that has straight grains throughout its length. Wooden materials are set aside unused outside a factory for at least one year and are then dried in a dryer chamber for several days. Subsequently, the woodworkers sort the wooden materials once again. The selected wooden materials are turned into specific parts of a piano such as rims, soundboards, hammers, etc. These processes are essential to manufacturing pianos.

Yamaha has developed a unique aging dryer technology with the parallel use of natural drying to allow for shorter drying time. They say the technology is based on standardization to avoid drying variance; the drying conditions are obtained by measurements over a long time. They also insist that the technology can reduce unnecessary drying time; further, the time of outgoing products/parts can be estimated when the materials come in. It also contributes to smooth production when a large volume of dried wood is handled at the production lines due to the rational drying plan, minimum inventory, and stable moisture content of the inventory wood[16].

While Steinway cuts the wooden material with machines for the upper lids and legs of pianos, the rims are made by hand because they insist that the automatic fabrication of rims takes the soul out of Steinway's pianos[17]. Even if wood is strictly processed with errors of plus or minus 0.076 millimeter, manual handling could cause slight variance. Steinway has no operating manual, and the workers have been engaged in the same job for 20-30 years. They learn the process by observing their predecessors, and they gain knowledge through oral instructions from senior workers.

In contrast, Yamaha accelerated the modularization of the woodworking process of various parts for mass production (Figure 5-4). For instance, Kitami Wood Company located in Maruse city of Hokkaido (where Picea glehnii trees are grown) used to sell their raw timber wholesale to Yamaha as material. Later, the company started to supply all the soundboards required by Yamaha as completed modules; Kitami Wood took over the sawing, cutting, and drying of the materials required for soundboards. Soundboards are crucial components that determine the sound of the pianos. In the past, Yamaha accumulated know-how through in-house fabrication; they provided Kitami Wood with this know-how to switch to outsourcing.

The action is the heart of a piano, and the integration of technology is essential for the manufacture of actions. The part linking the keyboard to the action determines whether or not the sound resonates in the manner expected by the pianist. Ease of playing is a key factor when customers choose a piano. The action of Yamaha's pianos is composed of 80 parts or more per key and is finished with high precision of 0.05 millimeter[18]. The touching area is finished after several integrative processes. Yamaha says that the final tuning of pianos—which involves various processes such as stroking, tuning, and sounding—is critical. When finishing the adjustment, technicians play the pianos to check whether the desired balance has been achieved[19]. This scrupulously integrative work is conducted for mass-produced pianos as well as custom-made ones.

Figure 5-4 Yamaha's product architecture of pianos

Body					Action			
Seasoning	Rim	Soundboard	Frame	Tuning pins Strings	Keyboard	Action	Lacquer	Adjustment Tuning

Vprocess

↑
R&D: Material, Lacquer, Chemical

■ = module
□ = module & outsourcing

[2] Violins

Andrea Amati is said to have completed a violin with the present shape in Cremona, Italy in the sixteenth century. Violins made by Stradivari, Guarneri, and others before 1820 are referred to as "Old Italian" violins and are the most expensive instruments; professional players and collectors highly value these instruments (Oki, 2009). Between 1890 and 1940, Italy experienced the second peak in the manufacture of violins. The violins of this period, which were made by approximately 250 master craftsmen, are known as "Modern Italian" violins; these violins are highly valued as concert violins.

After the Industrial Revolution, mass production involving the division of labor became widespread, and violins were handmade in the traditional method or mass-produced for more profits. Mass-produced violins were manufactured mainly in Germany and Bohemia, but not in Italy, which honored the tradition of not making mass-produced musical instruments.

The manufacturing process of violins involves the following steps: (1) designing and framing; (2) selecting the wood; (3) fabricating the rims; (4) carving the front and back (for the arching and the optimum distribution of thickness); (5) purfling[20]; (6) making the f-shaped hole; (7) matching the bass; (8) assembling the body; (9) setting the neck; (10) varnishing; and (11) positioning the sound post and the bridge. Although components such as the front and rear panels, neck, and scroll are suitable for modularity, it is difficult to modularize assembly and adjustment. In fact, modular kits of components are sold, and cheap violins are assembled using a kit made in China even in Cremona. However, expensive violins are not modularized but are fabricated with hand-made components that are carefully integrated.

In a survey of violin manufacturers (Oki, 2009), the luthiers mentioned that they handled the following processes with special care: choosing the wooden material; setting the neck; positioning the sound post and bridge; carving the front panel; applying varnish; and matching the bass-bar. Since violins are wooden musical instruments, the key operations are the careful inspection of the wooden materials and the appropriate handling and shaving of the selected wood. Of the various manufacturing processes, setting the neck, positioning the sound post and bridge, and matching the bass-bar require integration. In Cremona—where one craftsman handles all the processes, starting from the design and choice of wood—the process of shaving the front panel, which affects the beauty of the sounds, requires skillful integration and is the most elaborate process.

Yamaha challenges the Old Italians with its know-how such as the CAD measurements for exquisite instruments, the aging dryer technique for pianos and furniture, the spray painting technique for motorbikes, and the varnishing technique for pianos and guitars that improve the precision and quality of components; these operations are integrated by hand. Yamaha's product manager says that of the total skills for making violins, 34% of the skills required is for the woodcraft process and 51% is for the varnishing process[21] (Figure 5-5).

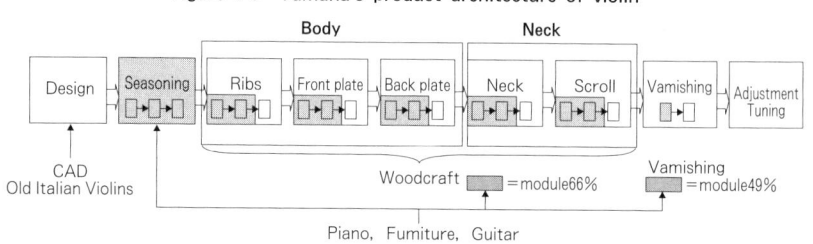

Figure 5-5 Yamaha's product architecture of violin

[3] Saxophones

The saxophone was invented by Adolf Sax in 1846 in Belgium. Although the body is made of metal, saxophones have a sounding body made of a single reed; therefore, they are classified as woodwind instruments. There are five types of saxophones, ranging from the soprano to the baritone saxophones. The saxophone consists of four basic parts: the suction tube (neck/mouthpiece), the second tube (body), the first tube (U-shaped tube: bow), and the upturned flared bell. A tube body has 25 tone holes. The tone holes are covered with pads and keys; the lever is attached in such a way as to close specific holes simultaneously. Some players may make the reed on their own or buy it on the market and scrape it for fine tuning because reeds sound different depending on the cutting and/or stiffness.

A saxophone consists of approximately 600 parts and pieces. The basic model is a cone tube tapered by 3 degrees. Tone colors and musical intervals vary with the taper. Yamaha insists that "saxophones can produce a sound very close to a human voice owing not to its cylinderical shape but to the tapered shape. Therefore, you can play a saxophone emotionally and it makes saxophones suitable for solo playing. Strong taper is the best suited to the Jazz play.[22]" Since saxophones are played with other instruments in classical music, they are less tapered, and the cylinder-like tube is shaped for easy sound control and precise intervals. In contrast, saxophones meant for jazz need to be loud, and its huskiness is considered as a unique sound; therefore, these saxophones have a wider bell flare.

The manufacturing process of saxophones is as follows: (1) manufacturing the bell (welding → hammering → die casting → drawing at the tone holes); (2) manufacturing the U-shaped tube (welding → bulge processing → drawing at the tone holes); (3) attaching bell to U-shaped tube (soldering → engraving → buffing → plating); (4) manufacturing the second tube (welding → tube drawing → drawing at the tone holes → buffing); (5) assembling, finishing, and completing (installing keys → assembling body → adjustment → inspection); and (6) setting the neck (welding → bending → processing octave sound holes → soldering key posts →

buffing → plating → attaching octave keys).

Although Yamaha utilizes 3D computer technology before making the prototype to ensure that a player can press the tone hole without touching the body or key post, most of the processes is still involve handwork. For instance, workers mold the bell by hammering it. "The precise fitting is very important to ensure the quality of the bell flare. We fill the seam by roller to flatten and then shape the upturned flared bell.[23]" The processes of brass shaping, heating, and washing are repeated until the tough metal reaches a thickness of 0.65 to 0.7 millimeters. Then, two key posts are precisely attached to 33 keys by soldering them one by one. Yamaha says: "A worker carefully assembles a set of saxophone one by one. Now, this factory produces 25 sets of saxophone and this amount is the top production volume in the world." Contractors construct keys and pads that are finished with gold-plating. Yamaha's skilled workers assemble these parts by soldering them by hand.

Yamaha responds to any professional demands by customizing the design of instruments; such designs are incorporated into the know-how for standardization in order to be utilized in mass production. Thus, Yamaha divides the manufacturing processes by taking charge of the planning and designing processes, while the contractors produce the various parts and pieces (Figure 5-6).

Figure 5-6 Yamaha's product architecture of saxophone

(4) Yamaha Production System

Based on the preceding review, I conclude that Yamaha's production system is characterized by the integration of automated mass production using advanced technology with handwork. Yamaha has positively adopted the scientific measurement of interval and acoustics, the aging dryer technology for wood, and measurement using CAD, encouraging the automation of production lines. Automated instrument manufacturing (which requires architectural integration) is not human-less; automation ensures uniformity by avoiding manual variability. Yamaha also promoted the modularity of parts to increase the proficiency of outsourcing to contractors; the core aspects such as operability and tone are handled by workers in the head office's factory to ensure quality. This process is applied to custom-made as well as mass-produced items.

Mass production is not necessarily required for musical instruments as it is for commodities such as automobiles. Therefore, Yamaha can ensure proper mass production without abandoning careful integration.

4. Conclusion

This case study shows how Yamaha introduced advanced technology and promoted automation to avoid manual variability, and outsourced the manufacture of parts and pieces while ensuring "architectural integration," which is crucial for manufacturing musical instruments. I demonstrate that the company is able to mass-produce instruments by committing to in-house manufacturing for

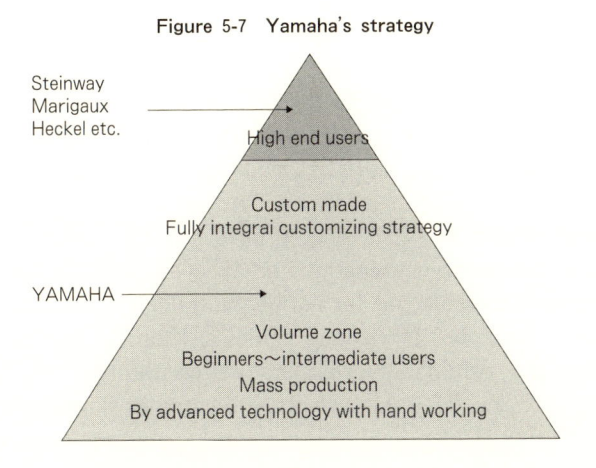

Figure 5-7 Yamaha's strategy

Steinway
Marigaux
Heckel etc. → High end users

Custom made
Fully integral customizing strategy

YAMAHA →

Volume zone
Beginners~intermediate users
Mass production
By advanced technology with hand working

finished products with integration and supporting mechanization.

What made Yamaha a major company? While traditional manufacturers are seen as premium manufacturers in the musical instrument industry, Yamaha succeeded in the transformation from a follower to a leader through its diversification strategy. In the music business, Yamaha developed the music enthusiast base through music schools and expanded the market by providing sufficiently high-quality musical instruments at reasonable prices (which was achieved by mass production). Thus, the company greatly contributed to the growth of the music industry. Due to its late start as a musical instrument manufacturer, Yamaha needed to target beginners and intermediate users — who are generally not capable of evaluating products — with a technical development. To that end, Yamaha established a divisional mass production framework with the introduction of scientific innovations in the production of musical instruments, which were largely handmade previously. Yamaha's spot-on marketing strategy is credited with winning over the volume zone, leading to large profits (Figure 5-7).

While Yamaha is at par with leading companies in woodwind instruments such as flutes and saxophones and brass instruments (which could be easily standardized), the company is still not renowned as a manufacturer of high-end pianos, woodwind instruments such as oboes and bassoons, and string instruments such as violins, violas, and cellos, which are made of wood and require the "ultimate integration." Musical instruments require "connoisseurs" to judge good wood for processing as well as unquantifiable "sound" and "sonance;" thus, the competition in instrument manufacturing is in the "invisible dimension." Due to this characteristic, customers prefer traditional brands, and they require a long time to evaluate a new comer in the market (Figure 5-8).

Business model research has progressed in recent years, especially in the automotive industry, and it is expected to advance further on a global scale in terms of modularity, in line with the increase in the number of electric vehicles. Yamaha has succeeded in establishing the original mechanism of combining "modular" and "integral" processes. This case study indicates how major companies in more sensitive fields such as music and visual arts can survive in

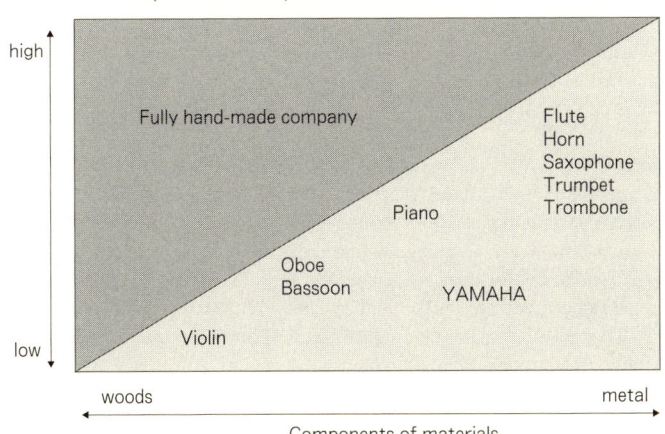

Figure 5-8 The reputation of YAMAHA as a flagship company

Reputation as a top manufacturer

```
high │████████████████████████████████
     │██ Fully hand-made company ████
     │██████████████████████  Flute
     │██████████████████████  Horn
     │██████████████████████  Saxophone
     │██████████████  Piano   Trumpet
     │██████████              Trombone
     │████  Oboe
     │████  Bassoon    YAMAHA
     │██ Violin
 low │
     └────────────────────────────────→
       woods                      metal
            Components of materials
```

the global market, especially in the face of the invisible competition.

Note:
1   Music Trades December 2012 (2012), "Measuring the Global market for Music Products" "The Global 225 Music & Audio Firms," Employees in global top 225 companies.
2   Interviews with professional musicians in Japan.
3   Mr. Hiroo Okano.
4   In this chapter we don't argue close/open topics, because standardization is not popular in musical instrument industry except electronic instrument.
5   Oki(2007).
6   Mr. Wataru Miki.
7   Total company sales estimates 413 billion yen in 2010.3.(piano 69.4 billion yen; acoustic piano 40.1 billion yen, electric piano 28.7 billion yen, hybrid piano 0.6 billion yen. By Yamaha group midterm management plan 2010.4-2013.3. (2010.4)
8   Mr. Misao Tanaka.
9   Mr. Wataru Miki.
10 *Ibid.*
11 Maema and Iwano (2001), p.147.
12 Mr. Hiroo Okano.
13 Steinway & Sons HP.
14 Utamakura Piano Factory HP." The secret of Steinway in NY."
15 Barron(2006), p.80
16 Katou(1966), pp.55-56.
17 Barron, *op.cit.*, p.8

18 Yamaha Co., Ltd. HP. "Making YAMAHA Piano."
19 YAMAHA brochure "Making YAMAHA Piano."
20 A thin sandwich of veneer inlayed around the entire edge of violin which serves to reinforce the plates and prevent cracking along their edges.
21 Mr. Hiroshi Nakatani.
22 Yamaha Co., Ltd. HP. "Complete book about Saxophone" Vol.2,
23 Yamaha Co., Ltd. HP. "Complete book about Saxophone" Vol.3.

Interview Lists

Yamaha Corporation: Hiroo Okabe(Director), Wataru Miki(Executive Officer), Toshiyuki Nihashi(Corporate Communication Group General Manager), Misao Tanaka(CC Group Deputy General Manager), Tomio Muramatsu(Piano Production Deputy General Manager), Toshikazu Niwata(Brass, woods and percussion Production Manager), Toshiyuki Nakamura(Brass, woods and percussion Marketing, Associate Manager), Yasushi Itoh(CC Group Associate Manager), Hiroshi Nakatani(Strings Production Manager), Yoji Abe(Strings Sales Group).

References

Aoki, M. and H. Andou, eds. (2002), *Modularity*, Toyokeizai.
Aoshima, Y. (1998), "Product Architecture and Knowledge Retention in New Product Development," *Business Review*, Vol.46(1), pp. 46-60.
Baldwin, C.Y. and K.B. Clark (2000), *Design Rules Vol.1: The Power of Modularity*, Cambridge, MA: MIT Press.
Barron, J. (2006), *Piano : The Making of a Steinway Concert Grand*, Times Books.
Clark, K.B. and T. Fujimoto (1991), *Product Development Performance; Strategy, Organization and Management in the World auto Industry*, HBS Press.
Fujimoto, T. (1999), *The Evolution of a Manufacturing System at Toyota*, New York, Oxford University Press.
Fujimoto, T. and M. Yasumoto, eds. (2000), *Successful Product Development*, Yuhikaku.
Fujimoto, T. (2003), "Organizational Capability and Product Architecture," *Organizational Science*, Vol. 36(4), pp.11-22.
Fujimoto, T. (2007), "Architecture-Based Comparative Advantage: A Design Information View of Manufacturing," *Evolutionary and Institutional Economics Review*, Vol.4(1), pp.55-112.
Fujimoto, T. (2009), Architecture to Coordination no Keizaibunseki nikansuru Shiron (A study of economic analysis on Architecture and Coordination), *Tokyo University Journal of Economics*, Vol.75(3), 2-39.
Fujimoto, T.(2013), "The Future of Lean Manufacturing: A Capability-Architecture View," PPT, June 2013. (www.mpdays.com/media/takahiro_fujimoto.pdf.)
Henderson, R. and K.B. Clark (1990), "Architectural Innovation: The Reconfiguration of Existing Product Technologies and the Failure of Established Firms," *Administrative Science Quarterly*, 35(1), pp.9-30
Kokuryo, J. (1999), *Open Architecture Strategy*, Diamond.
Kokuryo, J. (2004), *Conception of Open Solution Society*, Nikkei.

Kusunoki, K. (2006), "Invisible Dimensions of Differentiation: De-Commoditization Strategies," *Hitotsubashi Business Review*, Vol. 53(4), pp.6-24.
Maema, K. and Y. Iwano (2001), *100 years history of piano in Japan*, Tokyo: Soushisya.
Oki, Y. (2007), "Comparison Study about Violin Making between Traditional and Technical Mythology: Cremona and Yamaha," *Kyoto Management Review*, Vol.11, pp. 19-31.
Oki, Y. (2009), *Violin makers in Cremona: Traditional skill succession and Innovation in violin making cluster of Northern Italy*, Tokyo: Bunshindo.
Oki, Y. (2010), "The History of piano maker's innovation in Europe and the US," *Kyoto Management Review*, Vol.17, pp.1-25.
Oki, Y. (2011), "'Brand' or 'Bunand'?: The Strategy of YAMAHA corporation, AIMAC 2011.
Saeki, Y. (2008), "Genealogy and Problem of Product Architecture Theory in the Innovation Research," *The Ritsumeikan Business Review*, Vol. 47(1), pp. 133-162.
Suzuki, N., E. Kobayashi and Y. Takase (2011) "YAMAHA: Entry to Electric piano and its competition process," *Hitotsubashi Business Review*, 2011 SPR, pp.102-117.
Ulrich, K.T.(1995), "The Role of Product Architecture in the Manufacturing Firm," *Research Policy*, 24(3), 419-440.
Yamada, H. (2008), "An analysis of Business Models from the Perspective of Charging Distribution Pattern and Profit," *Waseda Bulletin of International Management*, No.39, pp.11-27.

Marketing Strategy of YAMAHA Corporation: "Brand" or "Bunand"?

1. Introduction

Whilst the manufacturing of musical instruments began during the sixteenth to the eighteenth century in Europe, Yamaha, originating and based in Japan, grew into a full-line manufacturer with a broad range of product lines despite its later foundation in 1888. Today, Yamaha boasts of an overwhelming scale in this industry, with sales of 4.5 billion USD, far outdistancing its competitors in the world.

As studies of Yamaha, Maema *et al.* (1991) have summarized the history of the popularization of piano in Japan, and Hayashida *et al.* (1997), who are involved with Yamaha's technological development, have presented the improvement of piano structure from a mechanical engineering perspective. However, few studies have been done from a managerial perspective. From the business administration aspect, Shimura (2006) analyzed the entrepreneurship of past Yamaha business leaders who developed Yamaha into a globally recognized brand. Suzuki *et al.* (2009) argued that, in their study of business entry into the electronic piano field, the source of Yamaha's competitive edge is in the establishment of barriers that use "artistry" to discourage other companies from entering the market. Oki and Yamada (2011) analyzed Yamaha's structure of musical instrument production and identified that Yamaha's acquisition of a position as the premier supplier in the realm of wooden musical instruments is attributable to its design concept that proficiently combines modularization and the techniques for optimization under constraints. However, no study has been made from the marketing perspective on the point of why Yamaha was able to develop into a giant.

This study intends to analyze Yamaha's brand management from a brand personality perspective in order to discuss why only Yamaha managed to become a leading company in the musical instrument industry. The data used for analysis includes publicly available documents on Yamaha and the Japanese musical instrument industry and interviews conducted between the period from 2007 and 2010 with Yamaha officers and employees as well as individuals involved in the musical instrument industry.

2. The Study of Brand Personality

Aaker (1991) advocated the need to establish a brand identity to indicate the direction of the company's brand building. Aaker defines brand identity as "a unique set of brand associations[1]" and provides the four views from which a brand should be considered: a product, an organization, a person, and a symbol. Through branding based on these four points, a company can build a stronger brand. The brand personality discussed in this chapter is a concept that falls under the "brand as a person" amongst the brand associations.

The study of brand personality dates back to the 1980s in Europe and is based on the notion that a brand has a personality like a person (Sirgy 1982, Plummer 1984), later developed by David A. Aaker and others (Aaker, D.A. 1996, Aaker, L.J 1997, 1999, Aaker, L.J. *et al.* 2001, Capara *et al.* 2001). According to Plummer (1984), brand personality should be considered from two viewpoints, namely, how products are presented through diverse means of marketing and how the brand is understood ultimately by the consumer via the consumer's values and cultural context as well as the consumer's experiences and perception. Aaker (1997) investigated 37 well-known brands on 144 personality traits using questionnaires and defined 15 facets and 5 factors, i.e. sincerity (down-to-earth, honest, wholesome, cheerful), excitement (daring, spirited, imaginative, up-to-date), competence (reliable, intelligent, successful), sophistication (upper class, charming), and ruggedness (outdoorsy, tough) for measuring brand personalities (BPS=Brand Personality Scale).

According to Aaker, brand personality can be defined as "the set of human characteristics associated with a brand." A company's brand personality traits can be described by one or a combination of the five factors and their respective intensities. Big brands commonly have multiple factors. Furthermore, if one factor has a particularly strong personality, it may affect other facets in the same factor.

The BPS developed by Aaker (1997) is now the foundation of brand personality studies; other brand personality measurement frameworks include the Young & Rubicam's personality categorization and the circumplex model. The measurement developed by Young & Rubicam (Y&R) categorizes the character's personality into 13 groups and identifies the applicable brand personality using the 13 personality groups. The circumplex model (Akutsu and Ishida 2002, Aiuchi *et al.* 2005) is, like Aaker's BPS, based on personality psychology, but it is different in that it also considers the relationship between personality traits, adopting a more elaborate concept of personality. Regardless of which framework is used, as it is difficult to accomplish differentiation through only focusing on the product attributes and functional advantages when building a corporate brand, the adoption of the concept of brand personality is considered to contribute to the establishment of a more interesting identity.

A brand personality is shaped by the personalities of the company's marketing activities, business administrator, employees, and users, and constitutes the core of the brand image. Consumers prefer, and select, the brands whose brand personality matches their self-concept. Self-concept specifically includes personality characteristics such as reliability, fashionability, and successfulness, and demographic characteristics such as gender, age, and social status. The rate of concordance between the consumer's self-image and the brand personality image is proportional to the rate of consumer's brand selection, which indicates that higher image concordance affects consumer behavior positively (Hu *et al.* 2006). Brand personality can offer consumers value similar to that gained through partnerships found in interpersonal relations, as well as provide consumers with the value of enabling self-expression through the purchase of brands with images similar to those of the consumer's self-image. Brand personality enables companies to form a long-lasting relationship with consumers.

Prior studies on brand personality have for the most part used commodities that are easy to purchase as their research subjects, which can be seen in the examples: study of images as antecedent factors for self-image using apparel, perfume, shampoo, coffee, beer and such as research subjects (J. Aaker 1999), comparative study of user image and brand personality targeting apparel brands (Helgeson and Supphellen 2004, Assarut 2007), and study of direct effects of brand personality (Kim *et al.* 2001 (cell phones), Freling and Forbes 2005 (mineral water)). As such, studies that used luxury brands and non-commodities were rare, not to mention that no brand personality research has been conducted on musical instruments. Hence this chapter discusses brand personality, with Yamaha, Japan's top company in the musical instrument industry, as the subject of study.

3. Yamaha's Diversification and the Establishment of Brand Personality

Although Yamaha is known as a musical instrument manufacturer, Yamaha has also produced and sold a wide variety of goods, including furniture, motorcycles, sports equipment, motorboats, and audio systems. Their products are all uniformly labeled with "Yamaha" as the corporate brand. Brand extension is "to extend the brand name that is already established by a product class to introduce another product class"[2]; the successful growth of Yamaha, starting out as a musical instrument manufacturer, presumptively owes to its effective utilization of brand extension. The more the consumers are inclined to adopt the brand as a cue when evaluating and/or purchasing new products and the higher the degree the brand strength can be transferred, the more intense the brand extension effects will be[3]. With this in mind, the way in which Yamaha extended its brand and established its brand personality through diversification is presented below.

(1) Yamaha's foundation building

The history of Yamaha dates back to 1887 (Meiji 20). Torakusu Yamaha, who succeeded in the manufacturing of organs, incorporated Yamaha Organ Factory, a joint-stock company that is the forerunner of Yamaha Corporation[4], in 1889 and promoted commercial production targeting schools and other educational institutions. The production of upright pianos started in 1900 and the production of grand pianos started two years later. Bolstered by the elevation of economic and cultural life in Japan during the booming economy that followed the Russo-Japanese War, Yamaha dramatically expanded its sales. In 1903, Yamaha began the manufacturing of high-end wood furniture based on its internal accumulation of woodworking and painting/coating techniques. In 1914, Yamaha also produced and exported harmonicas to the U.S. and Europe, and also started the manufacturing of xylophones, tabletop pianos, tabletop organs and other products.

However, Yamaha was driven to near bankruptcy due to the fire that occurred at its main plant in 1922 and the Great Kanto Earthquake the following year, as well as the added problem of the large-scale labor-management dispute that broke out in 1926. In 1927, the third president of Yamaha, Kaichi Kawakami, who came from Sumitomo Electric Wire & Cable Works (now Sumitomo Electric Industries, Ltd.) to rebuild the corporation, advanced a policy of streamlined production in order to convert musical instrument creation from workmanship to science. In 1930, Yamaha developed an acoustics research room, and by 1936 Yamaha was meeting 85% of the national western musical instrument demand[5]. During the wartime Yamaha shifted to arms industry, such as the manufacturing of wooden propellers for aircrafts. After World War II, however, it built the foundation for future diversification by reviving the harmonica and piano production. In 1949, under the leadership of President Genichi Kawakami, the Tokyo Branch building was constructed in Ginza "to make the 'repository of musical instruments'"[6] and to be the most beautiful shop in Tokyo. The Yamaha Hall opened in 1953, which contributed to making Yamaha a symbol that represents the cultural image of Ginza. Kawakami articulated the need to win the competition against foreign products and further increase exports in addition to making reasonable, good-quality products and induce general demand outside of schools; in 1954, Yamaha opened an experimental music class for young children, which is the forerunner of the present Yamaha Music School. Yamaha introduced a science-based management method for musical instrument production, which allowed for the production of piano action parts, accordions, harmonicas, etc. using conveyor-driven assembly systems. The establishment of this production approach was a turning point for Yamaha. Following the change, the company grew in leaps and bounds, and moved on to become one of the leading musical instrument manufacturers of the world. In 1956, Yamaha completed the development of the wood drying room, which significantly reduced the wood drying time. Yamaha, in order to infuse more efforts into R&D, founded the Yamaha Institute of Technology in 1959 for basic research and the Technical School for Piano (now Piano Technical Academy) in 1960 to internally cultivate engineers.

(2) **Diversification-Oriented Brand Extension Phase**

Since 1956, Yamaha has stepped up the establishment of music schools, and along with the development of Yamaha-exclusive methods, it has established a nationwide network in a short time with the help of branch offices and distributors. At the same time, Yamaha turned its eyes to the production of goods other than musical instruments by the reason of "musical instruments are semi-permanently usable and only purchased by players, in addition to the limitation of resources for the material wood, which causes cost price increase that cannot be reflected on the products."[7] Correspondingly, Yamaha began producing motorcycles and founded the Yamaha Motor Co., Ltd. in 1955. The Yamaha Institute of Technology embarked on research into fiber-reinforced plastic and developed archery equipment, boats, snowmobiles, tennis rackets and other sports equipment, as well as bathtubs.

Yamaha's musical instrument sector was, from an early stage, eyeing entry into the electronic musical instrument market in addition to its presence in the acoustic market. In 1959, electronic organs were sold, which came to account for a proportion of Yamaha's sales second only to that of pianos due to the coincidence with the popular music needs of a new generation. The electronics technologies accumulated throughout the process of developing electronic organs were then applied to audio systems, speakers and such. Furthermore, in the subsequent development of electronic pianos and synthesizers, as Kobayashi *et al.* (2009) points out, Yamaha was able to establish its competitive edge using, as a leverage, its "artistry," a characteristic nurtured and developed as an acoustic musical instrument maker.

Yamaha's guitars, which had been produced from before World War II, were all high-end handcrafted guitars until 1964 when Yamaha launched the development of electric guitars. In 1976, Yamaha released the handmade solid guitars that used the same high-grade wood used for pianos. Through such avenues, Yamaha become a premium brand in the electric guitar industry, surpassing the existing manufacturers. Guitar amplifiers, developed alongside the electric guitars, became a flagship product for Yamaha as a commodity that met the needs of customers in terms of sound volume and quality against the backdrop of the spread of power amplifiers. On another note, Yamaha also started the manufacture of drums in 1965 and established a position as a premium supplier in this field by virtue of the high reputation earned by its concert drums, created in the course of the technical development of marching drums and jazz drums. Yamaha set out to produce xylophones in 1953, large-sized xylophones in 1957, marimbas in 1966, metallophones in 1967, and other bar percussion instruments.

With regard to wind instruments, Yamaha has developed highly sophisticated products, powered by the technological partnership with Nikkan Corporation (*Nihon Kangakki Kabushikigaisha*, an old-line company that had been producing wind instruments since 1902) in 1962 with a focus on 1) improving mechanical precision, 2) the correctness of interval, and 3) the purity of tone. Yamaha's existing technologies for the mass production of pianos and the technical abilities concerning the designing of jigs, tools, and specialized machinery also greatly contributed to this move. Yamaha succeeded in perfecting the design system for finding the optimal bore shape, which overturned the then common recognition that wind instruments were difficult to play and problematic to control the interval. As a result, Yamaha accomplished the provision of products born from a combination of traditional technologies and state-of-the-art utilities. Starting with the sale of trumpets in 1965, Yamaha began selling saxophones, trombones, euphoniums, and tubas in 1967, and piccolos, flutes, clarinets, cornets, and French horns in 1968. In 1970, Yamaha absorbed Nikkan Corporation and built the Toyooka Plant in Shizuoka Prefecture, which can produce more than 200,000 wind instruments annually, as well as invested in equipment such as proprietary specialized machinery, belt conveyer systems for part processing, painting, coating, and plating, a computerized system for controlling production processes, and a full-chemical processing plant for post-plating process treatment. The joint development project with the Vienna Philharmonic Orchestra from 1972 was also conducive to enhancing Yamaha's profile in the area of wind instruments. Presently, saxophones and flutes are Yamaha's core wind instrument products.

Concerning stringed instruments, Yamaha entered the market for electric musical instruments, such as silent violins, in 1997 and launched its acoustic violins in 2000. The reason for Yamaha's late full-scale entry into the string instrument market was because Suzuki Violin was already commercially producing violins in Japan, and both companies were exploring a peaceful allocation of market shares.

Yamaha's diversification as outlined above were made possible through the redirection of technologies developed and accumulated in the company in the course of pursuing commercial production based on intensive utilization of modern industrial technologies. In addition, the pursuit of Yamaha's mission to "pioneer and expand socially meaningful businesses under the concept of 'a richer life' rather than aiming for a synergy of musical instruments"[8] has consequently pushed Yamaha to become a comprehensive manufacturer of musical instruments ranging from pianos to electronic musical instruments. Through extending its brand in multiple directions, Yamaha has attained a far-reaching recognition of its brand personality.

(3) Revising Brand Personality

Yamaha has promoted its extensive diversification as described above, but given the unstable economic environment, it is to return to a piano-centered business strategy and withdraw from unprofitable businesses in the face of the need for a restructuring of business management (piano sales accounted for 16.8% of the sales for FY2009[9]). Although Yamaha has a domestic market share of 70% for pianos, as the piano is already a sunset industry in developed countries, Yamaha is still aiming for an increase in sales with other musical instruments, as well as targeting the volume zone in Asia by infusing efforts into piano sales and music schools in emerging countries like China and Indonesia.

However, despite being referred to as a comprehensive musical instrument maker, Yamaha does not have much in the way of high-end top brands in acoustic music instruments. In spite of the increased reputation of Yamaha in the area of wind instruments, where it holds a 24% share of the global market[10], which are even used among top-class orchestra players, Yamaha's flagship products are electronic and/or popular musical instruments, such as electronic pianos, synthesizers, and drums[11]. Although aiming to become the next Steinway in terms of the piano, Yamaha's core product, Yamaha has not been able to achieve the distinction of being a premium supplier. Yamaha has expanded the musical instrument market based on their understanding that "top-notch products designed for professionals do not increase profit"[12] and that "being the top brand favored by performers was not a requisite for marketability."[13] There was also another factor for Yamaha: the widely expanded distributorship network, both in and outside of Japan, provided with a broad lineup of musical instruments, did not allow for continued business with distributors and agents handling only top brand products.

Naturally, despite the success in piano sales, Yamaha was frustrated with its inability to acquire a leading position in the international premium piano market. On this account, Yamaha took over Böesendorfer, a well-established European piano manufacturer, in 2008. This takeover was made for the purpose of "drawing the interest of top artists and increasing options", as well as "demonstrating

Yamaha's presence as a defensive mechanism against emerging Chinese manufacturers."[14] While Yamaha has continued to expand its line of products through independent development since entering the wind instrument market upon merging with Nikkan, they felt the need to acquire recognition as a top brand in order to appeal to the top artists and win the competitions against low-price commercial products made by other Asian manufacturers. Yamaha is currently facing a critical time in which it needs to recreate its brand in order to maintain its status as "the sound company" while bringing pianos back to the forefront of its business strategy.

4. Characteristics of Yamaha's Brand Personality

For the musical instruments where Yamaha have picked up business, traditional U.S. and European manufacturers have already established the premier products. As shown in Figure 5-2, for example, Steinway had the high-end users in piano just as did Marigaux for oboe. Thus, from the outset, Yamaha targeted the volume zone as its core classical music customers, which is a group that ranges from beginners to intermediate players. Then Yamaha extended its reach to jazz and popular music and developed electronic and silent musical instruments to develop new customers.

To this end, Yamaha had to establish a brand personality different from those of traditional U.S. and European manufacturers that targeted high-end users. Yamaha's brand personality is reviewed below based on the following five criteria: 1) design concept of brand personality at the time of development, 2) brand communication process, 3) consumers' perception of brand personality, 4) consumers' self-expression values that the brand personality offers and the acquisition of values as a partner, and 5) returns to the company as brand equity.

(1) **Design Concept of Brand Personality at the Time of Development**
Yamaha upholds the idea "to create new 'kando' (deep impression) and enrich culture with technology and passion born of sound and music, together with people all over the world" as its corporate

philosophy and aims to "continue being a brand infused with presence, reliability and 'kando' through offering quality products and services that incorporate new and traditional technologies as well as refined creativity and artistry."[15] Through diversification of business, specifically, covering business fields other than musical instruments upon seeing the maturity of the piano market, and by investing profits into core products, Yamaha has managed to grow into a music giant we see today, despite its carrying stagnant musical instrument businesses. While the redirection of technologies was efficiently conducted in the diversification, this diversification strategy was revealed, through interviews, to not be based on a long-term perspective. However, at the root of this diversification is the mission "to contribute to the popularization and development of sound and music culture"[16] and the Yamaha business leaders have been consistent in their business management since founding Yamaha. The steady attitude in business management under Yamaha's corporate brand has, while advancing diversification that reaches beyond musical instruments, established the foundation for the concepts and designs of Yamaha products. As mentioned by Oki and Yamada (2011), the proprietary handling of design concepts without outsourcing when mass producing musical instruments and the quality control using the accumulated know-how for delicate optimization uniquely required for musical instruments were important for the construction of a brand personality that matches what the company aimed for sincerity (down-to-earth), competence (reliable) and such.

(2) Brand Communication Process

Broadly identified, there were six characteristics to the marketing activities of Yamaha's musical instrument business: [1] monopolistic sale to schools, [2] expansion of customer base through the establishment of Yamaha Music Schools and brass bands, [3] distributors and dealers set up nationwide, [4] after-sales service by tuners, [5] early launch of electronic musical instrument business, and [6] hosting/holding contests that expand musical range.

[1] Building Reliability and Management Base through Monopolistic Sale to Schools

Yamaha's expedited sales increase owes greatly to the company's early acquisition of a market centered on schools amid the circumstance where western music was being introduced to primary school education during the mid-Meiji era (1883-1897). By maintaining a strong tie with the Ministry of Education, Science, Sports and Culture (now Ministry of Education, Culture, Sports, Science and Technology), the focused selection of a target market, specifically, to monopolistically sell organs and pianos to public primary and secondary schools, formed the basic strength of the company, allowing for aggressive diversification through surplus built up from this business. Yamaha's business in the U.S., which later became a key base for global expansion, was also triggered by the successful tender targeting schools. The personality of "school-approved" reliability not only led to introductions in other schools, but also acquired the children in those schools and parents of such children as end users.

[2] Expansion of Customer Base through the Establishment of Yamaha Music School and Brass Bands

Yamaha Music School originated as an experimental class for young children opened in 1954 and later changed its name to Organ School in 1956 and then to the current Yamaha Music School in 1959. By 1963, the number of students counted approximately 200,000, with classes taught in 4,900 venues by 2,400 instructors. Yamaha Music School made inroads in the U.S. in 1964, followed by the establishment of Yamaha Music Schools in many parts of the world, including Thailand, Canada, Mexico, then West Germany, Singapore, Taiwan, the Philippines, Australia, the Netherlands, Norway, Hong King, South Africa, Italy, and Austria in 1966. Unlike the previous strictly taught technique-centered methods, Yamaha Music School was established with the new concept with a focus on enjoying music, an idea which rapidly gained popularity. In Japan, coinciding with the development of wind instruments, brass bands were instituted in schools nationwide, where Yamaha dispatched instructors and thus increased the number of wind instrument users.

As reviewed above, the music schools and brass bands have not only pioneered potential consumers, but also played a role as an important communication tool for conveying Yamaha's brand message.

[3] Distributors and Dealers Set Up Nationwide

From early on, Yamaha set up distributors and dealers across Japan in order to spread Yamaha's products to the students of Yamaha Music Schools. These shops were given thoroughgoing guidance to share Yamaha's mission. The shops were integrated with a Yamaha Music School, and together acted as bases for the Yamaha brand to penetrate the general public through both popularization and sales. As overseas strategy, Yamaha founded its Dalian branch in 1908, a branch in Mexico in 1958, in Los Angeles in 1959, in Singapore and Hamburg in 1966, and subsidiaries in Europe and Asian countries, promoting aggressive business expansion along with its music schools.

[4] After-sales Service by Tuners

Fine tuning is essential for musical instruments in order for them to be played beautifully, and in particular pianos require regular tuning by a professional piano tuner due to their high tension. By nurturing their own tuners at the Piano Technical Academy, Yamaha succeeded in building long-term communication between the company and consumers through pianos. The after-sales service provided by tuners has not only enhanced the reliability the users feel for Yamaha products, but also conveyed the end users' voices back to the company as feedback. Yamaha's tuners played a dual role of an engineer and an efficient sales representative who could popularize Yamaha pianos.

[5] Early Launch of Electronic Musical Instrument Business

Yamaha joined the market for other musical instruments in anticipation of the soon-to-come maturity of the piano business. Among these other endeavors, the early launch of R&D for electronic musical instruments has greatly influenced the nature of Yamaha as a musical instrument maker. As can be observed in Figure 5-1, electronic musical instrument manufacturers and audio equipment manufacturers dominate a large proportion of the musical instrument industry. Yamaha differentiates itself from the other old-line musical instrument manufacturers by the fact that it has acquired a solid cash flow from an extensive customer base through the development of market shares in electronic musical instruments even with the piano as its core business. While traditional manufacturers narrowed down their target bases for the sake of winning the premier place with specialty acoustic musical instruments, Yamaha, through its launch of an electronic musical instrument business, won mass targets in a market where no premier product had yet to be established.

[6] Holding Contests that Expand Musical Range

Yamaha established the Yamaha Music Foundation and promoted music popularization activities through contests alongside its music schools targeting all age groups and the cultivation of music instructors. Yamaha also engaged in efforts to popularize non-classical music through the hosting and holding of contests, including the Electronic Organ Contest starting in 1964, Light Music Contest (LMC) from 1967, Musical Composition Contest from 1969, International Popular Song Festival from 1970, Yamaha Popular Song Contest (POPCON) and Junior Original Contest from 1972. These contests became important communication platforms for generating the general public's awareness of Yamaha products and inducing 'kando' in addition to reinforcing the users' brand loyalty.

(3) **Consumers' Recognition of Brand Personality**

Through such diverse marketing activities, the Yamaha brand came to be widely recognized. Due to the nature of musical instruments, which commonly have their value evaluated through performance, music instruments cannot be considered in isolation from artists; thus musical instruments favored by superior artists are highly valued. Users in the volume zone are not equipped with sufficient performance skills and therefore cannot easily determine the value of the musical instrument on their own. Therefore, it is important to have top-class artists use the musical instruments to build brand personality. Although Yamaha was not able to become the premier musical instrument supplier in the field of classical music, it has managed to acquire the preference of top-class artists in popular music and jazz through its expansion into these fields of music. The success in popular music and jazz has earned Yamaha the favor of younger generations, and is seen as an exciting brand with high novelty factor in terms of brand personality. In the realm of classical music, prestigious international competitions such as the International Tchaikovsky Competition and International Chopin Piano Competition have only recently produced winning pianists who use Yamaha pianos, contributing to attracting attention to Yamaha's concert grand piano, which was originally developed to become Yamaha's flagship product. However, in North America, 98 %[17] of the co-performances with an orchestra use Steinway pianos, with top-class pianists active in their professional musical careers as Steinway artists counting over 1,600[18]. Thus, Yamaha has not been able to take the lead with its core product, the piano.

(4) **Consumers' Self-expression Values that the Brand Personality Offers and the Acquisition of Values as a Partner**

Yamaha's pianos enjoy a reputation for their stable quality and easy playability. Yamaha produces musical instruments that are for everyone, instead of catering to specific players with unique sounds and touch. In contrast, Steinway pianos, which are favored by professionals, feature heavy touch and a strong character, thus making their mastery difficult. Bechstein and Böesendorfer pianos are characterized by their uniquely elegant sounds. Compared with these manufacturers, Yamaha's pianos have fewer characteristics, having a colorless, indistinct brand personality. As Oki (2006) indicates, a colorless, indistinctive personality enables users to easily project their own personalities onto the product. That is why Yamaha is likely to be accepted and cherished by many. On this ground, Yamaha acquired the volume zone that covers the range from beginners to intermediate users.

As to whether or not the Yamaha brand is recognized with "admiration" by high-end users, Yamaha is no match for Steinway and other premier manufacturers in Europe, at least in the field of acoustic musical instruments. However, taking any of Yamaha's

highly diversified range of products, none of them have failed the expectations of consumers in terms of reasonable price and reliability. Back then, in the midst of Japan's rapid economic growth where a western culture-oriented trend prevailed, pianos represented grace and were purchased by ordinary people driven by "admiration."
Later, when the middle class became the vast majority in Japan, Yamaha's brand personality synchronized with the personality of the users in the volume zone, which consisted of middle-class clientele from amateurs to semi-professionals, and thus offered a sense of security to the consumers. In part, the consumers' preferences were built on their experiences of "Yamaha's sounds" at Yamaha Music Schools from their childhood, which also contributed to augmenting solid Yamaha fans. Moreover, Yamaha music instruments have played a role in sharing opportunities of 'kando' as communication tools beyond a wide spectrum of age groups and languages through music. Yamaha's brand personality has perfectly matched with the average Japanese personality.

(5) **Returns to the Company as Brand Equity**

Yamaha benefited from the advantage of an all-inclusive promotion of the sales of Yamaha product lines by using "YAMAHA" as corporate brand. Especially in the homogeneous Japanese culture, combined with the social background of that time when income gaps were narrow, a brand was more extensively shared and information was more inclined to be communicated among consumers with respect to attributes and the existence of fortune. Yamaha's brand personality, namely, sincerity, competence, and excitement, offered a sense of security to consumers and gave added value to its stream of released products.

The Yamaha brand was placed 21st amongst Japanese companies in the global brand ranking[19] by Interbrand for the year 2011. Yamaha's brand equity is evaluated to be 759 million USD. The Yamaha brand is evaluated based on Yamaha Motor and the musical instrument manufacturer Yamaha combined, which also illustrates that Yamaha, which promotes brand extension through diversification funded by profits from the markets, is synergistically perceived as a highly reliable brand. Motorcycles, boats and such products of Yamaha Motor add the outdoorsy, tough image, conducing to dynamically bolstering Yamaha's brand personality.

5. Conclusion

While traditional manufacturers are seen as the premium manufacturers in the musical instrument industry, Yamaha succeeded in the transformation to a leader from a follower through its diversification strategy. In the music business, Yamaha developed the music enthusiast base through music schools and expanded the market through providing sufficiently high-quality musical instruments at reasonable prices, which was realized by mass production, hence greatly contributing to the growth of the music industry. Rather than building a brand personality that inspired admiration as a premium brand, Yamaha's colorless, indistinct brand personality enabled users to project their own personality onto it, establishing a brand personality to everyone's liking. In that sense, the Yamaha brand is an indistinct "Bunand" ("safe" brand).

Due to the late start as a musical instrument manufacturer, Yamaha needed to target beginners and intermediate users, who generally are not capable of evaluating products, with a technical development. To that end, Yamaha established a divisional mass production framework with the introduction of scientific innovations in the production of musical instruments, which were previously by and large handmade. Yamaha's on-the-mark marketing strategy is owed to winning over the volume zone, leading to large profits. This is similar to the strategy employed by Toyota, which ranked first place for the first time as Japan's best brands for 2011. Toyota aimed for the volume zone using Corolla and achieved good profits. However, there is a definite difference between Toyota and Yamaha: Toyota possesses top brands, such as Lexus and Crown as high-end models and Century as its representative high-class limousine. On the contrary, Yamaha has top brands in amplifiers and synthesizers, but is far from taking the lead in pianos, its core product line. Even with the buyout of well-established Böesendorfer, because of the already-established Yamaha brand personality, consumers are unlikely to link Böesendorfer with the image they have for Yamaha. Seen in this light, unless Yamaha gains supremacy in the piano market, the company cannot truly grow into a brand that consumers admire even with the brand personality traits of sincerity, competence, and excitement. Toyota has previously sown the seeds of aspiration and ambition in its core consumers where they want to "be able to buy the Crown someday"---but if Yamaha piano owners aspire to "be able to own a Steinway someday," Yamaha's branding strategy cannot be regarded as successful. If Yamaha became the preferred piano of professional pianists, it would be a big step out of the "innocuous brand" image and up to an attractive brand personality equipped with sophistication.

Note:
1   Keller (1993), Brand image is defined as "perceptions about a brand as reflected by the brand associations held in consumer memory."
2   Aaker and Keller (1990), p.27.
3   Umemoto *et al.* (1996), p.81.
4   Mr. Yamaha established Yamaha organ factory in Hamamatsu in 1888. In 1897 they changed the name to Nippon Gakki Company, Limited and then in 1987 to Yamaha Corporation.
5   Nippon Gakki Company (1978), p.62.
6   *Ibid.*, p.120.
7   *Ibid.*, pp.152-153.
8   Mr. Wataru Miki.
9   Total company sales estimates 413 billion yen in 2010.3.(piano 69.4 billion yen; acoustic piano 40.1 billion yen, electric piano 28.7 billion yen, hybrid piano 0.6 billion yen.) By Yamaha group midterm management plan 2010.4-2013.3. (2010.4).
10 Yamaha's interview in Toyooka Factory 2009.8.5, Conn-Selmer Inc.(13%).
11 Mr. Suguru Tanaka.
12 Mr. Wataru Miki.
13 *Ibid.*
14 *Ibid.*
15 Shimura (2006), p.161.
16 Yamaha group CSR strategy, Yamaha Corp. Annual Report 2011.
17 Steinway & Sons. During 2008/ 2009 concert season.
18 Steinway & Sons. HP.
19 Interbrand evaluates brand value using a combination of analysts' projections, company financial documents, and its own qualitative and quantitative analysis to arrive at a net present value of those earnings.

References

Aaker, D.A. and K.L. Keller (1990), "Consumer evaluations of brand extensions," *Journal of Marketing*, Vol.54, pp.27-41.

Aaker, D.A. (1991), *Managing Brand Equity: Capitalization on the Value of a Brand Name*, New York: The Free Press.

Aaker, D.A. (1996), *Building Strong Brands*, New York: The Free Press.

Aaker, L.J. (1997), "Dimensions of Brand Personality," *Journal of Marketing Research*, Vol.34, pp.347-56.

Aaker, L.J. (1999), "The Malleable Self: The Role of Self-Expression in Persuasion," *Journal of Marketing Research*, Vol.36, pp.45-57.

Aaker, J., V. Benet-Martinez and J. Garolera (2001), "Consumption Symbols as Carriers of Culture: A Study of Japanese and Spanish Brand Personality Constructs," *Journal of Personality and Social Psychology*, Vol.81(3), pp.492-508.

Aiuchi, S., Ninomiya, S., S. Ishida and S. Akutsu (2005), "Brand personality structure no Enkan-model to sono Jitsumu eno Eikyo," *Japan Marketing Journal*, 98, pp.4-19.

Akutsu, S. and S. Ishida (2002), *Context Branding*, Tokyo: Diamond.

Assarut, N. (2007), "Symbolic benefit of brand: measurement and effect" *Hitotsubashi review of commerce and management*, Vol.2(2), pp.61-74.

Barney J. B. (2001), *Gaining and sustaining competitive advantage*, Mass: Addison-Wesley.

Barron, J. (2006), *Piano : The Making of a Steinway Concert Grand*, New York: Times Books.

Caprara, V.G., C. Barbaranelli and G. Guido (2001), "Brand Personality: How to Make the Metaphor Fit?" *Journal of Economic Psychology*, Vol.22(3), pp.377-95.

Freling, T.H. and L. Forbes (2005), "An Empirical Analysis of the Brand Personality Effect," *Journal of Product & Brand Management*, Vol.14(7), pp.404-413.

Harada, T. and Y. Kataoka (2004), *Branding in the age of consumer troupe*, Tokyo: Fuyosyobou.

Hayashida, H. and A. Takemura (1997), "History of Piano Engineering," *Journal of Japan Society of Mechanical Engineers*, Vol.100(941), pp.415-417.

Helgeson, J.G. and M. Supphellen (2004), "A Conceptual and Measurement Comparison of Self-Congruity and Brand Personality," *International Journal of Market Research*, Vol.46(2), pp.205-233.

Hu, Z., Wakabayashi, Y. M. Jiang and H. Zhang (2006), "A Study of influence of the congruence pf consumer self-concept and brand personality on consumer brand preference: a case of Chinese car market," *The Economic Review*, 177, 5-6, pp.392-410.

Iwabori, Y. (1976), *YAMAHA : Management from different-dimension*, Tokyo: Diamond Timesya.

Keller, K. L. (2002), *Strategic Brand Management*, Peasons US Imports & PHIPEs, 2nd International edition.

Kim, C.K., D. Han and S. Park (2001), "The Effect of Brand Personality and Brand Identification on Brand Loyalty: Applying the Theory of Social Identification," *Japanese Psychological Research*, Vol.43(4), pp.195-206.

Lieberman, R.K. (1995), *Steinway & Sons*, New Heaven: Yale University Press.

Maema, K. and Y. Iwano (2001), *100 years history of piano in Japan*, Tokyo: Soushisya.

Nishihara, M. (1995), *The birth of Piano: Modern Society beyond the musical instruments*, Kyoto: Kodansya.

Oki, Y. (2004), "Brand Management," *Bullein of the Faculty of Informatics for Arts*, Shobi University, Vol.3. pp 65-77.

Oki, Y. (2009), *Violin makers in Cremona: Traditional skill succession and Innovation in violin making cluster of Northern Italy*, Tokyo: Bunshindo.

Oki, Y. (2010), "The History of piano maker's innovation in Europe and the US," *Kyoto Management Review*, Vol.17, pp.1-25.

Oki, Y. and H. Yamada (2011), "A Study of Product Architecture on Musical Instruments: Why only YAMAHA could be a big company in musical instrument industry?", *Waseda University WBS Center, Waseda bulletin of international management*, Vol.42, pp.175-187.

Plummer, J.T. (1984), "How Personality Makes a Difference," *Journal of Advertising Research*, Vol.24, pp.27-31.

Shiozaki, J. (2002), "Cooperate Brand", *Creation of Knowledge Assets*, Tokyo: Nomura Research Institute, March 2002, pp.68-79.

Shimura, K. (2006), *Yamaha's Corporate Culture and CSR*, Tokyo: Sankei Shinbun Sya.

Sirgy, M.J. (1982), "Self-concept in Consumer Behavior: A Critical Review," *Journal of Consumer Research*, Vol.9, pp.287-300.

Suzuki, N., E. Kobayashi and Y. Takase (2011), "YAMAHA: Entry to Electric piano and its competition process" *Hitotsubashi Business Review*, 2011 SPR, pp.102-117.

Yamaha Corporation (1987), *THE YAMAHA CENTURY: 100 years history of YAMAHA*, Tokyo: YAMAHA Corporation.

Zinkhan, G.J. and J.W. Hong (1991), "Self-Concept and Advertising Effectiveness: A Conceptual Model of Congruency, Conspicuousness, and Response Model," *Advances in Consumer Research*, Vol.18(9), pp.348-354.

第 7 章

スタインウェイとヤマハの戦略の違い

1. はじめに

　これまでに述べたように，18世紀初頭に発明されたピアノは，産業革命期のイギリスを中心にヨーロッパで発達した。19世紀後半以降は老舗のウィーンのベーゼンドルファー，フランスのエラール，プレイエルなどに加え，ドイツのベヒシュタイン，ブリュートナー，アメリカのスタインウェイなど新興メーカーの台頭で，激しい競争が繰り広げられた。その後，スタインウェイのもたらした技術革新により，ピアノ生産の中心はアメリカに移った。スタインウェイのピアノは現在もプロ演奏家に愛用されている。一方，後発のヤマハは，自動化による流れ作業を採用した量産体制と独自のマーケティング戦略により国内外の市場を開拓し，生産台数では世界最大手のピアノメーカーとなった。幅広いファンを持ち，ヤマハは少なからずスタインウェイの経営にも脅威を与えてきた。

　そこで本章では，本書のまとめとしてピアノ業界で双璧をなすスタインウェイとヤマハのマーケティング戦略を中心に比較考察する。前述のようにスタインウェイに関してはLieberman（1995）の歴史研究，Barron（2006）の製造工程，大木（2010）の技術革新の研究がある。またヤマハについては鈴木他（2011）の電子ピアノ，田中（2011）の高度経済成長期のマーケティング戦略，大木・山田（2011）のアーキテクチャ分析，大木（2011）のブランド戦略の研究があるが，両社のマーケティング戦略について詳細に比較した研究はなかった。

　本章では，これまでに述べたヤマハとスタインウェイの推移について，繰

り返しになるが，設立期，成長期，成熟期ごとに簡単に振り返った後，両社の戦略を比較していく。

2. スタインウェイ

(1) 設立期

Steinway & Sons 社（以下「スタインウェイ」）は，ドイツから移住したスタインウェイ親子により1853年ニューヨークのマンハッタンにて設立された。当時，既にニューヨークはアメリカの文化と製造業の中心地で，音楽活動やピアノ販売店も集まっていた。スタインウェイの創業年には，チッカリング社がボストンに大規模工場を設立し，年間2,000台の量産体制でアメリカ全土にピアノを広く普及させていた。

職人気質の父親ヘンリーと息子たちではじめたスタインウェイは，ピアノ製造に工学を採り入れ，リム，ブリッジ，アクションの取り付け，鍵盤の構造，響板などの改良を続け，金属プレートや交差弦を採用し，ブリッジを響板の中心にすることなどにより，豊かで大きく力強い音を実現させるとともに，ハンマーの流れを速く簡単に繰り返せるようにアクションの反応を改良していった。

設立期のスタインウェイにとって，知名度を上げるための重要な宣伝方法は，博覧会に出品し金賞を受賞することだった。1855年には，ワシントンDCのメトロポリタン職工協会展に出品したセミグランドで「優秀作品賞」[1]を，ニューヨークのクリスタルパレス展示会ではスクエア・ピアノ[2]が金賞を獲得した。スペースを取らないスクエア・ピアノはアメリカの中産階級にヒットして，スタインウェイはアメリカのピアノの9割のシェアを獲得するようになった。またグランド・ピアノも改良を続け，大ホールに十分な音量，明瞭な音色，速くて繊細なタッチを実現するピアノに仕上げていった。

(2) 成長期

スタインウェイはグランド・ピアノを主力製品と位置づけ，1860年には

マンハッタン北側に工場を移転し、手工業から工場生産へと転換を図った。1862年のロンドン万国博覧会では、スタインウェイの交差弦式グランド・ピアノが世界8メーカーとともに金賞を受け、全米トップのメーカーであることを認識させた[3]。本場ヨーロッパでの受賞は、アメリカでのマーケティングにも大きく貢献した。

　父の後を継いだウィリアムはピアノを弾いて音楽を愛し、オペラやオーケストラ、ピアニストのパトロンでもあった。スタインウェイの顧客と同じように邸宅に住んで上流階級の友人を持ち、スタインウェイの宣伝となるように友人の応接間にスタインウェイのピアノを購入させた。1866年にはスタインウェイのショールームの隣に2,000人を収容するスタインウェイ・ホールを建設し、観客は必ずショールームを通るように仕向けた。また音楽家との交流も深く、ヨーロッパで活躍していたルービンシュタインを初めてアメリカに招聘した。1872年にはルービンシュタインがスタインウェイのピアノで全国ツアーを開始し、その後も1891年パデレフスキ、1909年ラフマニノフ、1928年ホロヴィッツなど著名ピアニストに全国ツアーを展開させていった。19世紀後半から20世紀初頭にかけてのクラシック音楽全盛期のピアニストたちはニューヨークのスタインウェイを愛用した。その背景には19世紀後半のヨーロッパの政情不安と、貴族社会の崩壊による芸術のパトロンの不在により、優れた演奏家たちがアメリカに仕事を求めていたこともある。大ピアニストたちの要望に従って、スタインウェイでは音色やタッチへの改良を進めていった。また、ロシアのアレクサンドル2世や銀行家ロスチャイルドなどにピアノを売るなど、ウィリアムはマーケティングの才覚を存分に発揮していった。チッカリングとの熾烈な競争を繰り広げる中で、各国の著名ピアニストや王室から証明書を取りつけて王室御用達とし、販売につなげて売上を急速に伸ばしていった。鍵盤の象牙以外の全ての部品が自社工場で生産できるように第2工場も建設され、木材のシーズニングに科学的分析を採り入れた品質管理が施された。

　スタインウェイによるレギュレーション・アクション・パイロットの発明[4]は、現代のグランド・ピアノのアクションの誕生とも言われる[5]。スタ

インウェイの持つ114の特許のうち約半数が設立以来40年間に取得されたもので，交差弦やハンマーの改良などで1857年から1887年までに55の特許を取得した。スタインウェイの発明した金属フレームや交差弦は，ヨーロッパのメーカーでも採用され「スタインウェイ・システム」と呼ばれるようになった。34トンもの強度に耐えるプレート用の金属も開発され，ヨーロッパに代わってアメリカが世界のピアノ生産の中心地となった。

(3) 成熟期

アメリカの全ピアノ生産台数は1869年に2万5千台だったのに対し，1905年には40万台とピークに達し[6]，安価な量産メーカーも増えて一般家庭への普及が進んでいった。その後は増減の波を繰り返しながらも減少傾向となり，1927年には20万台へ減少している。もっともスタインウェイでは富裕層を対象に高額なグランド・ピアノを販売してきたため，経済不況との関連は薄く，グランド・ピアノの売上自体は倍増していた。家庭用のM型に加えて，さらに小さいS型のグランド・ピアノの販売を始めるなど積極的な経営の傍ら，アップライトの製造にも力を注ぐようになった。しかしテレビの普及とともに人々の興味が急速にピアノから離れ，生産量を大幅に下回る注文しか入らなくなっていった。

ヨーロッパの市場については，スタインウェイは1877年にロンドンの販社を買収して拠点とし，1880年にはハンブルグ工場を設立していた。ドイツでの工場設立は為替レート，アメリカでの労働賃金の上昇，湿度の違い，配送コストなどを考慮したものだった。当初はニューヨークと同じ部品を使い同じ設計図・製法でピアノを製造していたが，次第に部品も異なるようになり，ニューヨーク製とは違った音色を出すようになった。主としてヨーロッパとアジア市場に出荷されるハンブルグは，スタインウェイ全社の利益を支えてきた側面もある。

しかし5代目社長ヘンリー・Z.・スタイウェイを最後に一族による経営を離れ，1972年CBSに売却された。CBSからは収益が強く求められ，在庫を減らし，乾燥期間を短縮するなど効率化を図り，利益の大きいグランド・

ピアノに再び生産・販売を集中させた。その後 1985 年には投資家グループ[7]が CBS の楽器部門の数社を買取り，スタインウェイ・ミュージカル・プロパティーズ社が設立された。しかしピアノの需要が減退し全米の販売総数が 10 万台を下回った[8]こともあり，再度投資銀行家[9]に売却され，1995 年には管楽器メーカーのセルマー社に経営権が譲られて，セルマー社は社名をスタインウェイ・ミュージカル・インスツルメンツと変更した。2003 年にはグループ内ブランドを再編してコーン・セルマーを発足させており，2000 年のユナイテッド・ミュージカル・インスツルメンツ，2007 年のルブラン・グループなど楽器企業の買収を進め，世界最大規模の総合楽器製造・販売企業グループを形成してきた。もっとも 2013 年 7 月には，スタインウェイを傘下に持つスタインウェイ・ミュージカル・インスツルメンツは米投資ファンドのコールバーグ・カンパニーに売却され，今後は株主の圧力を避けた経営改革に着手されるとみられている。

　スタインウェイのピアノは CBS 下の 1991 年に第 2 ブランドとなるボストンでカワイと提携（スタインウェが設計，カワイが製造）し，2007 年からは第 3 ブランドとなるエセックスで韓国ユンチャン，中国パールリバーとの提携を進めることでラインアップを揃えている[10]。

　スタインウェイでは 19 世紀から 20 世紀にかけて生産性の向上をもたらした自動化による流れ作業方式を採用しておらず，最小限の機器を使用しながら丁寧な手作業により生産されている。このため 1 年がかりで製造され，北南米に出荷するアメリカの工場では従業員 600 人で年間 2,400 台，日本も含めそれ以外の地域に出荷するハンブルグ工場では従業員 450 人で年間 1,300 台製造し[11]，これまでに通算 59 万台弱のピアノを提供してきた。設計図は金庫に入れられ，ピアノ作りのノウハウは現場で教えられてきた。塗装も入れると 20 工程弱に分かれており，部門ごとにピアノ・マイスター[12]がいる。

　世界で活躍するピアニストの 99％[13]がスタインウェイを愛用していることからも，その品質の高さは証明されている。スタインウェイでは，世界で 1,300 名のピアニストやアンサンブルをスタインウェイ・アーティストとし

て認めている。スタインウェイ・アーティストは，自分のコンサート用に「ピアノバンク」にあるスタインウェイのピアノから好きなものを選ぶことができる。これらのピアノはスタインウェイ代理店のネットワークで，コンサート用に調律され設置される。こうした徹底したサービスにより，トップ・アーティストの囲い込みを図っている。

3. ヤマハ

(1) 設立期

　ヤマハの歴史は1887年に遡る。オルガンの製造に成功した山葉寅楠により，1889年ヤマハ株式会社の前身となる合資会社山葉風琴製造所[14]が設立され，「顧客を学校関係にしぼって量産に邁進」[15]した。1900年よりアップライト，1902年よりグランド・ピアノの製造を開始し，日露戦争後の好景気下の国内の経済的・文化的生活の向上に伴って，ヤマハは売れ行きを目覚しく伸長させていった。木工・塗装に関する技術を社内に蓄積することで，1903年には高級木工家具の製造も開始している。1914年にはハーモニカを生産し欧米各国にも輸出，同時に木琴，卓上ピアノ，卓上オルガンなどの製造も開始した。

　1927年，企業再建のために住友電線からきた3代目社長川上嘉市は，楽器製作を勘から科学へと変換するために合理的な生産を進めていった。1930年には音響実験室を開発し，1936年には国内洋楽器需要の85パーセントを供給するまでに発展した[16]。戦時中は航空機用の木製プロペラの製造など軍需産業に移行したが，戦後はハーモニカ，ピアノ生産の復興の中で多角化の基礎を築いていった。「楽器は半永久的に使用でき，演奏する人しか購入しないことに加え，原料の木材には資源の限界があり，コストの値上がりが製品にそのまま反映できないという性質を持つ」[17]として，楽器以外の生産に目が向けられた結果，オートバイの生産が開始され，1955年にはヤマハ発動機が設立された。基礎研究所ではFRP[18]の研究が進められ，スポーツ用品やバスタブなどが開発された。こうした社内の技術の蓄積はピアノ製造に

も貢献した。

(2) 成長期

1949年に社長に就任した川上源一のもと，銀座に「楽器の殿堂」とすべく本店が建設され，1953年には山葉ホールも開場し，ヤマハは銀座の文化的イメージを示すシンボルの一つとなった。川上は「安くてよい品物を作って，学校以外の一般の需要を喚起するとともに，外国の商品との競争にも打ち勝って，さらに輸出を増進させることが必要である」[19]とし，1954年にはヤマハ音楽教室の前身となる幼児のための音楽実験教室を開設した。1956年にオルガン教室，1959年にヤマハ音楽教室と名称を変え，1963年には生徒数20万人，会場4,900，講師2,400名に発展した。1964年にはアメリカにも進出し，その後1966年にタイ，カナダ，メキシコ，その後西ドイツ，シンガポール，台湾，フィリピン，オーストラリア，オランダ，ノルウェー，香港，南ア共和国，イタリア，オーストリアと世界各地にヤマハ音楽教室が開設されていった。音楽教室は，それまでのテクニック重視の厳しい教育メソッドとは異なり，音楽を楽しむ新しいコンセプトで始められたことから，急速に普及していった。ヤマハでは早い段階から，音楽教室の生徒たちにヤマハの製品を販売するために，販売店・特約店が全国に整備されていった。これらの店舗には，ヤマハのミッションを共有するよう徹底的な指導がおこなわれた。店舗には音楽教室が開かれ，普及と販売の双方でYAMAHAブランドを浸透させる拠点となっていった。海外にも1908年大連支店をはじめ，1958年メキシコ，1959年ロサンゼルスと，1966年シンガポール，ハンブルグと欧米やアジア諸国に小会社を設立し，音楽教室とともに積極的な展開を図ってきた。また，コンクールを通じた音楽普及活動を展開してきた。1964年からはエレクトーン・コンクール，1967年にはライト・ミュージック・コンテスト，1969年作曲コンクール，1970年国際歌謡音楽祭，1972年ポプコン，ジュニア・オリジナル・コンサートなどを通じて，クラシック以外の分野での音楽普及にも努めていった。

ヤマハの楽器生産には科学的管理法が導入され，ピアノの製造が流れ作業

で進めるようになったことが、世界トップの楽器メーカーと躍進する転機となった。1956年には「木材乾燥室」[20]により木材の経年乾燥期間も大幅に短縮した。R&Dにも力を入れ、技術者養成のため1960年にはピアノ技術学校を設立した。ピアノは張力が強いためプロの調律師による定期的な調律が必要とされる。調律師を自前で養成することで、ピアノを通じて企業と消費者との長期的なコミュニケーションを継続することができるようになった。

ヤマハでは多様な楽器を製造している。管楽器では1970年に日本管楽器を吸収合併し、さらにウィーンフィルとの共同開発でヤマハの知名度は高まった。現在ではサクソフォンやフルートを主力製品とし、全国の学校にブラスバンドの指導者を派遣して管楽器の普及に努めている。弦楽器の本格参入は遅く、1997年にサイレント・ヴァイオリン、2000年にヴァイオリンを開始した。一方で電子楽器への参入は早くから進められてきた。1959年にはエレクトーン（電子オルガン）が販売されたが、ここで蓄積されたエレクトロニクスの技術は、その後オーディオ、スピーカーなどに応用されていった。

(3) 成熟期

このようにヤマハは広範な多角化を推進してきたが、バブル崩壊により経済が不安定な中、経営再建の必要性から赤字事業からは撤退しピアノを主軸とした事業展開に戻るとしている（2009年度ピアノの売上構成比は16.8%[21]）。ヤマハのピアノの国内シェアは70%を占めているが、先進国ではピアノは既に斜陽産業であることから、他の楽器での売上拡大を狙うとともに、中国やインドネシアなど新興国でのピアノ販売と音楽教室に力を入れ、アジアのボリュームゾーンを狙っている。

もっとも総合楽器メーカーと言いながら、ヤマハはアコースティックな楽器ではハイエンドのトップブランドをあまり持っていない。世界シェア24%[22]を占める管楽器では一流オーケストラ奏者にも使用されるなど評価を高めてはいるものの、ヤマハのフラグシップ製品といえば、電子ピアノ、シンセサイザーやドラムなど電子・ポピュラー関連の製品である[23]。主力製品

であるピアノでは,スタインウェイを目指すとしながらも,フラグシップを取れてこなかった。このため2008年には,ヨーロッパの老舗ピアノ・メーカーであるベーゼンドルファーを買収した。この買収は,「トップ・アーティストからの関心を集め,選択肢を増やす。中国など新興メーカーなどに対する防衛的意味合いとして,ヤマハの存在感を見せる」[24]ことを狙いとしたものであった。

4. スタインウェイとヤマハの違い

スタインウェイとヤマハのマーケティング戦略の違いをまとめたのが図表7-1である。

図表7-1:スタインウェイとヤマハの違い

	Steinway & Sons	YAMAHA
設立	1853年	1890年
ブランド名	Steinway & Sons Boston, Essex(廉価ブランド)	YAMAHA Bösendorfer(トップブランド)
主力製品	コンサート・グランド	アップライト,グランド
価格	高価格	中～高価格
顧客層	音楽家,富裕層	初心者～音楽家
製造地	ニューヨーク,ハンブルグ	浜松
技術的特徴	・職人による手作り ・卓越した特許数 ・技術力 ・部品は基本的に内製 ・楽器(木材)の個性重視 ・マイスターによるOJT	・量産,コンベア流れ作業(各工程で時間制限) ・品質の標準化重視 ・科学的分析,技術転用 ・下請企業の活用
流通経路	代理店,販売店	支社,販売店,特約店
設立期	万国博覧会での受賞	公立学校への導入
成長期	ピアニストとの結びつき,コンサートホール経営,音楽マネジメント	音楽教室の普及,海外市場の開拓,技術者の内製,ポピュラー音楽コンクール,多角化によるブランド普及
成熟期	ヨーロッパ市場の開拓,スタインウェイ・ピアニスト	アジア市場の開拓(音楽教室)

4. スタインウェイとヤマハの違い

　スタインウェイは，既にアメリカでピアノ市場が拡大しつつある好環境の中で創業し，ドイツで培ったピアノ製造技術に技術革新を進めてピアノを技術的に完成させ，特許でその権利を守ってきた。一方でヤマハの設立時には既にピアノは楽器として完成しており，ヤマハはいかにその製法を模倣し，効率的に標準化し量産するかという点に焦点を絞ることができた。この時既にスタインウェイは世界のトップ・アーティスト層を獲得していたが，後発で技術力の乏しいヤマハは初心者から中級者層を自ら開拓しなければならなかった。明治の西洋音楽普及の流れの中で，公立学校への楽器の導入を進めて経営基盤を作り，ピアノが普及していなかった日本に音楽教室を設置しながら，顧客層を拡大していった。ヤマハの音楽教室は国内外に急速に普及し，多角化からブランド認知を高めた結果，YAMAHA の名は世界に広まっていった。スタインウェイはフラグシップを狙い，ヤマハは敢えて中間層のボリュームゾーンを狙うことで利益を得るという戦略の違いがある。ヤマハは，「プロが使用する最高の物だけでは利益は上がらない。演奏家が使用するトップブランドを取らなくても商売になっていた」[25]と述べている。多彩な楽器を揃え国内外に販売店網を拡大してきたため，「トップブランドだけでは，販売店に対して商売が成り立たない」[26]という理由もあった。楽器産業では伝統的なメーカーの多くが，専門楽器でフラグシップを獲得するためにターゲット層を絞り込んでいるが，ヤマハは広い層をターゲットとすることで堅実なキャッシュフローを獲得することができた。また早くから電子楽器に着目したことで，フラグシップが確立していない市場でマス・ターゲットを獲得することができ，大企業としての成長を助けてきた。

　スタインウェイでは，価格が安いため利益の出にくいアップライトは主に他企業との提携において製造している。一方でヤマハはトップ・アーティストへの訴求と，アジア製の低価格量産品との競争に勝つために，トップブランドを持つ必要を感じ，ヨーロッパの老舗ベーゼンドルファーを買収した。ヤマハのピアノ製造も 100 年以上を経て，コンクールでピアニストに選ばれる機会も多くなってきている。この事実からも，両社のピアノ自体の性能の差は極めて小さくなっていると考えられる。スタインウェイでは長い歴史を

持つ一族の経営を離れ，合理的なブランド経営を望む大規模な楽器グループの一部門となった。しかしスタインウェイのような手作業を基本とするピアノづくりは，各製造プロセスを担う職人技に支えられており，高品質の楽器は各職人の丁寧な仕事の積み重ねと，それらを統合してバランスを調整する人の感覚に委ねられている。その結果，買収され，大規模グループ企業になった際に短期的な利益を求める株主から手間ひまをかけることによる品質の維持に対し，圧力がかけられ，両者の間に軋轢を生むこととなった。アメリカにありながら，スタインウェイが高品質の丁寧なピアノづくりを続けてきたのには，スタインウェイがヨーロッパに生まれた企業であることが大きいと思われる。伝統を守り，手作りにこだわるという姿勢は，大規模化の傾向にあるアメリカの企業には稀有な存在でもある。優れた職人技による製法を維持しながら，利益を生み音楽家に愛されるピアノをこれからも製造し続けることができるのか，内製を基盤に総合楽器メーカーとなったヤマハとの戦略の違いは，今後も注目されるところである。

5. 結語

(1) 消費者から見たスタインウェイとヤマハ

本章ではスタインウェイとヤマハの戦略の違いを見てきた。本研究の課題である楽器のブランド形成には，消費者に製品やメーカーがどのように認知されるのかが最も重要なポイントとなる。研究過程において実施した消費者へのアンケート調査[27]からは，スタインウェイのピアノには「世界最高峰，高級感，一流プロが使用，評判，信頼，品質，洗練，音色，繊細，飽きがこない」，ヤマハのピアノは「親しみやすさ，信頼，評判，弾きやすさ，頑丈，均質，万人向け，国産最高峰」といったイメージのキーワードが抽出された。またピアノ奏者からは，スタインウェイのグランド・ピアノは音色，弾き心地，機能など全般に亘り高い評価で，「サウンド・プロジェクション」（音に鋭い品質を与える音響の現象），「全体的な音質・タッチのよさ」といった特徴が挙げられた。これに対し，ヤマハでは「グランド・ピアノの

タッチのよさ，滑らか，全体的な弾きやすさ」といった項目が際立っている[28]。

調査結果からは，楽器という製品の性質上,「音」という品質へのこだわりが消費者にみられること，そして「音」の奥深さやピアノの弾きやすさといった感覚には個体差が大きく，それまでの知識や聴いてきた音楽の質的な蓄積，演奏者としての技量，予算などにより，製品に要求するものも変わってくるということが裏付けられた。スタインウェイがプロのピアニストに支持されているのは，優れた音楽家がイメージする微妙なニュアンスを，思った通りに表現できるピアノを作りだし，そのピアノが大ホールでのコンサートに耐える音量と表現力を持ち合わせているからであるが，アマチュアが家で使用するのであれば，ヤマハのアップライト・ピアノや，消音で練習できる電子ピアノでも十分な満足感が得られている。高額なピアノになれば，音色や音質，タッチの反応のよさ，といった演奏する視点ばかりでなく，見た目の美しさや豪華さも必要になってくる。ピアノという楽器の大きさからも，居間に置いた際の見栄えや艶といった高級感が求められてくるわけである。このように，ピアノに対する消費者のニーズは多様であり，それ故に，スタインウェイもヤマハも，あるいは他のメーカーのピアノ[29]も，その個性をもって音楽家や愛好家たちに愛されてきたと言える。

この調査を通して，日本ではヤマハが圧倒的な知名度を持ち，また広く消費者に支持されていることが改めて明らかになった[30]。これは，本書でこれまで述べてきたように，ヤマハが大量生産を可能とし，音楽教室を通して多くのピアノ愛好家たちを育ててきた成果であり，YAMAHAというブランドがオートバイやボートなど他分野の製品にも使われていることから認知度を高め，信頼性と親近感を育むために大きく影響していると考えられる。また，ピアノのトップメーカーという認識を広めるためには，コンサートホールで一流のピアニストが演奏する，あるいは世界的なコンクールでそのメーカーのピアノが演奏者に選ばれて使用され，その演奏者が優勝や入賞するといった実績作りも重要であることがうかがえた。調査によれば，ピアノの購入を自分の意志で決めている演奏者が多かったが，同時に，親が持っていた

ピアノを子供がまた引き継いで演奏していくといったケースもみられた。こうして後発だった我が国にもピアノを弾く文化が積み重ねられており，今後も一層西洋音楽に対する素養が育まれていくことと思われる。小さい時から刷り込まれた音色やタッチの感触は，その後の楽器選択にも大きく影響していく。ピアノという楽器が追求する美の世界は，個人の価値観の体系でもある。そして，美しいものに対する価値観も時代と共に変化していく。ピアノは伝統的な製法に基づく楽器であるが，伝統とはまた，その担い手たちによって「作られていく」ものなのである。

(2) まとめ

　楽器ブランド形成のメカニズムは，楽器という性質上，演奏者や聴き手の感性に委ねられる部分も大きく，その解明は一筋縄ではいかない。ヨーロッパの老舗楽器メーカーは，真摯にその伝統的製法を守ることで変わらぬ音を追求し，顧客からの信頼を得ている。一方で新参メーカーは伝統的製法を越えるような技術革新に尽力しつつ，まずは顧客開拓から始めなければならない。スタインウェイはアメリカで，ヤマハは日本で新興メーカーとして設立され，それぞれに最新の技術を駆使してイノベーションを続け，ブランドを浸透させる巧みなマーケティング戦略により，世界制覇を果たすことに成功した。その意味では，スタインウェイもヤマハも新市場を獲得するために独自の戦略を展開させてきた同志でもあった。互いに競争する相手というよりは，競合しないポジショニングに軸足を置いた戦略を取ってきたからこそ，それぞれに世界的ブランドを確立することができたのである。アメリカでのスタインウェイ，日本のヤマハと，これまでにピアノ市場を創造してきたメーカーの技術革新の推移をみると，今後の市場拡大が期待される中国でも，新興メーカーの技術革新が進んでいくのは必須であろう。世界の覇者となる新たなメーカーが誕生するかもしれない。楽器は音を奏でる道具であり，特にその中でも音域，音量，音質を備えたピアノは，一人でもダイナミックに音楽を創り上げることができる優れたメカニズムを持っている。だからこそ，ピアノの製造には技術革新の要素も多く含まれているのであり，

そのブランドの構築には製品を印象づける強力なマーケティング戦略が不可欠なのである。

　本書のピアノを中心とした楽器メーカーに関する経営学的分析は，あたかもブラックボックスに入っているかのように思われている不透明な部分が多い楽器のブランド形成メカニズムを，製造過程から顧客認知に至るまで少しずつ紐解くことで，楽器という嗜好性の高い製品のブランド解明の一助となれば幸いである。本書では，対極にありながら，共に好感度の高いブランド構築に成功しているスタインウェイとヤマハの分析が中心となり，ドイツやフランス，イタリア製などヨーロッパの個性豊かなピアノや，新興国のメーカーについては十分に紙幅を割くことができなかった。これらについては今後の課題とし，更に楽器の幅を広げながら，統括的な楽器のブランド形成メカニズムの解明に向けて，より興味深い結果を得ていきたい。

注

1　Barron（2006），邦訳版，153頁。
2　スクエア・ピアノはクラヴィコードにハンマーアクションをつけたもので，19世紀初頭にアップライト・ピアノが誕生すると姿を消した。アップライトは響板を長方形にして垂直に立て弦を縦に斜めに張ることで，グランド・ピアノに比べコンパクトになった。
3　ブロードウッド，プレイル，ベヒシュタインなど世界で8メーカーが1位を受賞。アメリカのピアノ製作技術は既に高く評価されており，アメリカから98の出品の中で80が賞を得たという。
4　ハンマーを動かす部品を弦のほうに持ち上げる機構を調整できるようにした。
5　Barron前掲書，161頁。
6　同上，199頁。
7　ボストンの弁護士バーミンガム兄弟が率いる。
8　94,044台（1995年実績）。
9　カイル・カークランドとダナ・メッシーナ。
10　エセックスブランドはインテリア性を重視しているが，最終調整を特約店でおこなうため品質が販売する特約店の技量に依存する。なおボストン，エセックスとも10年以内に新品スタインウェイに買い換える場合には，購入価格での下取りが約束されている。
11　スタインウェイ＆サンズ社　鈴木達也氏。
12　ピアノを一人で製作することができる職人。
13　2009年実績。
14　1888年に浜松市に山葉風琴製造所を創設している。1897年には日本楽器製造株式会社（現ヤマハ株式会社）とした。
15　日本楽器製造株式会社（1978）『社史』文方社，13頁。
16　同上，62頁。
17　同上，152-153頁。

18 FRP＝Fiber Reinforced Plastic.（繊維強化プラスチック）。
19 日本楽器製造株式会社，前掲書，124 頁。
20 従来の人工乾燥室後 3 カ月から 1 年かけて自然に含水率の均質化を図る「枯らし」の処理を半日から 4 日間で完了させる性能を備えていたため，膨大な時間と労力のロスを省き，経営の効率化・品質の向上に大きく寄与した。
21 2010 年 3 月の全社売上 4,130 億円の見込みに対して，ピアノ売上 694 億円（アコースティック・ピアノ：401 億円，電子ピアノ：287 億円，ハイブリッド・ピアノ：6 億円）「ヤマハグループ中期経営計画（2010 年 4 月〜2013 年 3 月）」（2010.4）。
22 ヤマハ，2009.8.5，豊岡工場でのヒアリング。
23 ヤマハ株式会社，田仲操氏。
24 ヤマハ株式会社，三木渡氏。
25 同上。
26 同上。
27 日米で音楽家，音楽愛好家を中心に，アンケート調査を実施した。（n＝126）ブランド・パーソナリティーにより分類された項目の中では，スタインウェイ「高級感がある」（4.68），「一流のプロが使用する」（4.61），「評判がよい」（4.53），「品質がよい」（4.47），「洗練されている」（4.36），「信頼できる」（4.21），「飽きのこない」（4.09），ヤマハ「親しみやすい」（4.50），「信頼できる」（4.39），「評判がよい」（4.38），「弾きやすい」（4.11），「頑丈そうである」（4.00）が高得点であった。（5 点満点の平均値）
28 回答にあらかじめ用意した項目は，「滑らかに弾ける，タッチがよい，力強い音がする，音が美しい，反応がよい，音量がダイナミック，弱音が出しやすい，強音が出しやすい，ペダル操作性がよい，手になじむ感じ，ワクワクする感じ，全体的な弾きやすさ，気持ちよく弾ける，弾いた後の爽快感，うまく弾ける気がする，思った通りに弾ける，そのピアノに対する満足感」。
29 調査では，ベーゼンドルファー：洗練されている，カワイ：価格がリーゾナブル，ベヒシュタイン：音がよい，などといった回答を得られた。
30 ピアノといえば思い浮かぶメーカーとして，回答者の 75.3％がヤマハをあげている。

第 7 章の主な参考文献

Barron, J. (2006), *Piano: The Making of a Steinway Concert Grand*, Times Books.（忠平美幸訳（2009）『スタインウェイができるまで』青土社。）
Lieberman, R.K. (1995), *Steinway & Sons*, Yale University Press.（鈴木依子訳（1998）『スタインウェイ物語』法政大学出版局。）
大木裕子（2010）「欧米のピアノ・メーカーの歴史〜ピアノの技術革新を中心に」『京都マネジメント・レビュー』第 17 号，1-25 頁。
大木裕子・山田英夫（2011）「モジュール技術と摺り合わせ技術の共存〜何故ヤマハだけが楽器の大企業になれたのか」早稲田大学 WBS 研究センター『早稲田国際経営研究』No.42，175-187 頁。
鈴木信貴・小林英一・高瀬良一（2011）「ヤマハ－電子ピアノ市場への参入とその競争プロセス」『一橋ビジネスレビュー』2011 SPR，102-117 頁。
田中智晃（2011）「日本楽器製造にみられた競争優位性：高度経済成長期のピアノ・オルガン市場を支えたマーケティング戦略」『経営史学』第 45 巻第 4 号，52-76 頁。
日本楽器製造株式会社（1978）『社史』文方社。
前間孝則・岩野裕一（2001）『日本のピアノ 100 年　ピアノづくりに賭けた人々』草思社。

おわりに

　本研究の目的は楽器のブランド形成のメカニズムを明らかにすることにあった。楽器は音楽と密接な関わりを持ち，演奏者を通して完成する製品である。楽器は音楽の普及とともに人々の趣味生活において不抜の地歩を占めるようになっているが，芸術である音楽は人間の精神と美的趣味と思想に深く関わっており，それゆえに楽器についても人々の好みが多様であり，楽器という製品はユーザーによる一律の評価が難しいという側面を抱えている。

　本研究では，ブランド形成のメカニズムを解明する研究の過程で，楽器製造のアーキテクチャに着目し，分業を進めることで世界最大手の楽器メーカーとなったヤマハと，技術的イノベーションを積み重ねながら伝統的製法にこだわるスタインウェイ＆サンズ社について，日米独で両社の工場を見学させていただく機会もいただいた。そして，多くの関係者の方々に，ヒアリング調査やアンケート調査にご協力をいただいた。その結果をもとに，本書では二大ピアノ・メーカーともいえるヤマハとスタインウェイについて，両社の技術経営とマーケティング戦略を中心に分析してきた。

　この研究は，先におこなった北イタリアのクレモナのヴァイオリン産業クラスターでの研究が土台となっている。クレモナ研究では，クレモナの弦楽器が世界のミドル・ユーザーをターゲットとして成長してきたことが明らかになったが，ピアノ・メーカーとしては後発のヤマハも，クレモナと同様に，ミドル・ユーザーからハイエンド・ユーザーを狙う戦略であることがわかった。ヤマハは，楽器以外の製品への多角化を進め，汎用性の高い技術を転用しながらコストリーダーシップ戦略を貫くとともに，製品デザインと下請け部品メーカーから調達した部品の組み立てに，人の手を使った微妙な調整を入れることで，均質ながら個性を持つ楽器を作り出してきた。完成度の高い高品質な多様な楽器を量産してきたことが，市場の評価を得て楽器メー

カー最大手となる大企業へと成長させてきた。自力で少しずつ多角化を進め大企業となったヤマハは，典型的な内製型企業といえる。

　これに対してスタインウェイは，世界トップレベルのアーティストに特化した集中差別化戦略により，ブランドを確立してきた。製造に携わる職人のプライドとこだわりを持つ丁寧な作業により，プロ向けのはずれのない最高品質の楽器を作り出しているが，成熟産業でもあるピアノという楽器だけでは，上場企業として株主の期待に応えることは難しくなっている。このため，家族経営から外部へと経営者を移し，最高品質を維持するための資金を十分に確保するために，M&Aを繰り返しながら大企業として生き残りの道を模索している。

　芸術である音楽は個性の表現が重視されることから，スタインウェイもヤマハもあるいは他のメーカーも，異なる音色や特徴を持つようなピアノを製造し，それぞれにコアとなるユーザーを確保してきた。成熟産業とはいえ，ピアノは音楽の演奏には不可欠な楽器である。そして音楽はこれからも人々に愛されていくだろう。今後も，各メーカーは激しい競争にありながら，演奏者や聴衆を楽しませてくれる個性豊かな楽器製造を続けていくと思われる。大いに期待したいところである。

　本書の出版にあたり，文眞堂の前野隆社長，前野眞司氏，前野弘太氏には多大なご協力をいただきました。心より御礼申し上げます。

　平成 26 年 9 月 23 日

大木裕子

索　引

欧文

architecture　125, 126
assembling　132, 133, 135, 137
body　135, 137, 138
communication　126, 153, 156, 157, 159
design　125, 126, 135, 136, 138, 144, 150, 152, 153, 154
global　123, 140, 141, 144, 152, 155, 159
innovation　132, 140, 160
integral　126, 140
M&A　3
market　123, 125, 130, 132, 137, 140, 141, 144, 149, 151, 152, 153, 154, 155, 156, 157, 159, 160, 161
mass production　132, 134, 135, 138, 139, 140, 150, 160
middle class　159
module　126, 134
musician　130
pianist　134, 158, 161
reputation　150, 152, 158
sound　132, 133, 135, 136, 137, 140, 150, 153, 154, 158, 159
soundboard　133, 134
strategy　140, 152, 153, 154, 156, 160, 161
technology　127, 133, 134, 138, 139, 149, 153
tradition　131, 135
traditional　124, 125, 132, 135, 140, 151, 153, 154, 157, 160

和文

ア行

愛好家　27, 118, 175
アイデンティティ　67, 105, 106
アーキテクチャ　83, 84, 85, 99, 104, 113, 164, 179
アクション　1, 4, 5, 6, 7, 8, 9, 10, 11, 12, 13, 14, 16, 17, 20, 21, 22, 28, 29, 37, 39, 40, 41, 45, 46, 48, 50, 57, 62, 63, 64, 90, 91, 92, 109, 165, 166
アップライト　4, 17, 22, 23, 30, 39, 41, 42, 44, 46, 50, 51, 52, 85, 108, 167, 169, 173, 175
アーティスト　44, 45, 55, 89, 112, 116, 169, 172, 173, 180
アルバート（アルバート・スタインウェイ）　39, 47
安定　3, 58, 60, 64, 96, 117
イノベーション　14, 17, 29, 176, 179
ヴァイオリン　30, 39, 44, 82, 83, 86, 90, 93, 94, 95, 96, 97, 100, 110, 171, 179
ウィリアム（ウィリアム・スタインウェイ）　21, 39, 42, 43, 44, 45, 48, 166
エスケープメント機構　9, 10, 13
エラール　2, 9, 13, 14, 15, 16, 17, 18, 20, 25, 29, 37, 41, 43, 90, 164
エレクトーン　109, 116, 170, 171
演奏家　10, 17, 30, 44, 51, 55, 89, 93, 111, 164, 166, 173
演奏者　9, 29, 30, 68, 92, 97, 175, 176, 179, 180
王侯貴族　1, 90
王室　11, 25, 27, 28, 44, 166
オーケストラ　18, 38, 43, 68, 83, 111, 116, 166, 171
オルガン　6, 8, 9, 37, 50, 52, 85, 104, 108, 109, 114, 169, 170, 171

182　索　引

音域　1, 8, 13, 16, 18, 26, 56, 57, 60, 64, 176
音楽家　1, 3, 8, 10, 11, 13, 15, 16, 21, 22, 26, 29, 30, 43, 49, 51, 55, 68, 69, 166, 174, 175
音楽教室　83, 88, 100, 108, 109, 111, 113, 114, 115, 116, 117, 118, 170, 171, 173, 175
音響　4, 18, 43, 61, 89, 95, 99, 108, 169, 174
　──学　22, 35, 42, 45, 57
　──機器　107, 115
音質　10, 12, 61, 96, 110, 174, 175, 176
音色　4, 6, 8, 13, 18, 20, 21, 22, 26, 29, 30, 35, 42, 56, 57, 64, 65, 68, 85, 97, 99, 110, 165, 166, 167, 174, 175, 176, 180
音程　85, 89, 95, 97, 98, 99, 110, 115
音量　1, 4, 6, 11, 13, 15, 18, 19, 20, 26, 35, 36, 41, 42, 43, 54, 57, 58, 65, 68, 90, 110, 165, 175, 176

カ行

外注　57, 100
価格　36, 57, 93, 96, 117, 173
家族　38, 66, 180
価値　30, 105, 107, 112, 116, 118, 176
学校　27, 66, 83, 108, 109, 113, 114, 169, 170, 173
株主　53, 54, 55, 168, 174, 180
カワイ　23, 56, 168
頑強　41, 118
環境変化　52, 54
鑑識眼　57, 60
機械化　23, 66, 89, 100
機構　1, 4, 5, 6, 9, 10, 12, 13, 29, 65, 91
技術革新　2, 4, 5, 18, 29, 35, 40, 45, 50, 54, 56, 91, 164, 173, 176
技術力　35, 110, 173
貴族　11, 166
ギター　52, 82, 85, 95, 109, 110
強度　4, 19, 41, 45, 57, 58, 91, 167
響板　4, 5, 15, 20, 28, 39, 44, 45, 50, 57, 59, 60, 61, 62, 66, 91, 92, 165
共鳴　27, 60, 67, 91
均一　10, 58, 60, 68, 89, 99
金賞　20, 21, 27, 40, 44, 165, 166
口伝　67, 92
組み立て　22, 37, 46, 48, 63, 65, 90, 91, 93, 94, 98, 179
クラヴィコード　5, 6, 7, 28
クラシック音楽　21, 30, 38, 44, 83, 98, 112, 116, 166, 170
グランド・ピアノ　1, 4, 14, 18, 20, 23, 25, 28, 30, 36, 37, 41, 42, 44, 50, 51, 52, 55, 60, 63, 85, 91, 108, 116, 165, 166, 167, 169, 174
クリストフォリ（バルトロメオ・クリストフォリ）　6, 7, 12
グローバル　26, 118
弦　4, 5, 6, 7, 12, 14, 18, 19, 27, 28, 36, 41, 44, 58, 61, 62, 63, 64, 67, 91
　──振動　7, 91
鍵盤　4, 5, 6, 7, 8, 9, 12, 14, 28, 29, 44, 45, 47, 48, 50, 63, 64, 65, 83, 90, 91, 92, 110, 165, 166
高級　85, 94, 108, 109, 119, 169, 174, 175
交差弦　17, 18, 20, 22, 28, 39, 41, 44, 45, 165, 166, 167
交流　21, 58, 166
個性　59, 65, 67, 68, 97, 98, 117, 118, 175, 177, 179, 180
　──的　30, 117
コミュニケーション　29, 85, 112, 114, 115, 116, 117, 171
雇用　42, 81, 82, 85
コンクール　83, 96, 113, 115, 116, 170, 173, 175
コンサートホール　16, 25, 43, 44, 175
コンサート・マネジメント　48
コンピューター　65, 89, 98, 110

サ行

サクソフォン　82, 83, 85, 88, 90, 97, 98, 110, 171
雑音　63, 91
サロン　1, 6, 10, 15, 90
シェア　2, 20, 41, 81, 88, 90, 111, 115, 165, 171
自己表現　107, 112, 117
市場　2, 22, 28, 39, 45, 47, 48, 49, 51, 52, 55, 57, 81, 83, 89, 104, 111, 114, 115, 118, 164, 167, 173, 176
　──シェア　41
シーズニング　45, 166

索　引

下請け　90, 98, 99, 179
自動化　23, 58, 65, 99, 100, 164, 168
シナジー効果　86, 111
老舗　43, 85, 89, 90, 110, 111, 119, 164, 172, 173, 176
ジャズ　51, 83, 98, 110, 112, 116
収益　3, 23, 50, 52, 167
従業員　22, 24, 40, 47, 49, 62, 66, 67, 168
熟練工　52, 95, 98
需要　2, 23, 37, 51, 53, 108, 168, 169, 170
消費者　50, 105, 106, 107, 112, 114, 115, 116, 117, 118, 119, 171, 174, 175
上流階級　2, 43, 106, 166
職人　7, 8, 21, 22, 23, 24, 26, 29, 35, 37, 40, 42, 45, 46, 65, 66, 67, 68, 82, 91, 97, 98, 165, 174, 180
初心者　83, 95, 112, 117, 119, 173
ショパン（フレデリック・F. ショパン）　1, 11, 13, 14, 15, 29, 116
ジルバーマン（ゴットフリート・ジルバーマン）　8, 9, 12
シンセサイザー　82, 86, 88, 109, 111, 119, 171
振動　19, 27, 60, 67, 96
シンプル　30, 84
信頼　26, 106, 174, 176
　——感　113
　——関係　51, 56, 69, 112
　——性　58, 106, 113, 114, 115, 117, 118, 175
スクエア・ピアノ　12, 13, 19, 20, 36, 37, 39, 40, 41, 42, 46, 165
スタインウェイ
　——・アーティスト　24, 51, 55, 116, 168, 169
　——・システム　22, 45, 67, 167
　——・ホール　21, 22, 23, 43, 44, 45, 46, 49, 166
擦り合わせ　84, 85, 89, 91, 92, 93, 94, 99, 100, 104, 113
整音　12, 27, 64, 65, 66, 91, 92
生産性　23, 42, 65, 168
生産量　12, 17, 25, 46, 98, 167
製造技術　4, 14, 15, 25, 26, 28, 29, 173
世界市場　2, 91
戦略　18, 30, 54, 83, 104, 113, 118, 119, 164, 165, 172, 173, 174, 176, 177, 179, 180

洗練　106, 119, 174
ソステヌートペダル　19, 47, 65

夕行

耐久性　36
代理店　24, 28, 169
大量生産　2, 18, 91, 93, 99, 110, 175
多角化　3, 108, 110, 111, 113, 114, 118, 169, 171, 173, 179, 180
ターゲット　22, 83, 112, 114, 115, 119, 173, 179
タッチ　7, 8, 9, 12, 14, 15, 20, 21, 25, 28, 29, 30, 42, 65, 68, 92, 117, 165, 166, 174, 175, 176
ダブルエスケープメント　9, 13, 28, 29, 41
チェンバロ　2, 5, 6, 7, 8, 13, 16, 28, 29
チッカリング　2, 18, 20, 28, 36, 37, 40, 41, 42, 43, 44, 91, 165, 166
知名度　110, 165, 171, 175
チャールズ（チャールズ・G. スタインウェイ）　39, 42, 48
チャールズ（チャールズ・H. スタインウェイ）　48
中産階級　20, 22, 40, 41, 117, 165
調整　48, 59, 61, 62, 63, 65, 84, 85, 93, 94, 95, 96, 97, 98, 115, 174, 179
調律師　6, 55, 63, 113, 115, 171
張力　4, 18, 29, 36, 58, 59, 64, 66, 91, 115, 171
ツンペ（ヨハネス・ツンペ）　12
低価格　2, 22, 50, 56, 89, 91, 112, 118, 173
テオドール（テオドール・C. F. スタインウェイ）　21, 22, 38, 39, 42, 45, 46, 57, 58, 62
テオドール E.（テオドール・E. スタインウェイ）　49, 50, 51
デザイン　35, 50, 60, 64, 93, 94, 99, 179
手作業　11, 23, 58, 62, 63, 65, 89, 92, 94, 95, 96, 97, 98, 99, 119, 168, 174
テフロン　63, 91
電子楽器　3, 82, 83, 86, 109, 111, 112, 113, 115, 171, 173
電子ピアノ　88, 104, 109, 111, 171, 175
伝達　4, 58, 59, 114, 118
伝統　2, 18, 20, 26, 27, 29, 41, 45, 63, 67, 83, 89, 90, 93, 96, 99, 112, 113, 115, 174, 176

――的　3, 18, 30, 35, 50, 82, 93, 95, 96, 101, 110, 112, 115, 118, 173, 176, 179
透明感　26, 67
塗装　24, 47, 59, 66, 85, 94, 95, 98, 108, 110, 168, 169
特許　10, 13, 18, 22, 27, 35, 36, 45, 47, 56, 57, 62, 63, 67, 167, 173
トランペット　82, 85, 110
トロンボーン　83, 85, 110

ナ行

内製　55, 109, 174, 180
――化　92, 100
ニューヨーク　2, 20, 21, 22, 35, 36, 38, 39, 40, 42, 43, 45, 46, 47, 48, 51, 55, 57, 58, 59, 61, 63, 65, 66, 165, 166, 167
ノウハウ　24, 56, 64, 66, 92, 98, 113, 168

ハ行

ハイエンド・ユーザー　56, 83, 112, 117, 179
倍音　30, 64, 67, 91
買収　16, 23, 26, 45, 61, 63, 89, 111, 112, 119, 167, 168, 172, 173, 174
ハイテク　68
発明　1, 5, 6, 7, 13, 19, 22, 29, 35, 56, 57, 66, 90, 97, 164, 166, 167
パトロン　43, 166
浜松　4, 85, 90
バランス　68, 93, 96, 174
万国博覧会　21, 25, 37, 40, 43, 45, 166
ハンブルグ　4, 22, 24, 35, 36, 45, 46, 47, 48, 51, 55, 57, 58, 59, 60, 63, 65, 66, 68, 115, 167, 168, 170
ハンマー　4, 7, 9, 12, 13, 14, 19, 21, 26, 27, 29, 41, 45, 57, 62, 63, 64, 91, 92, 98, 165, 167
ピアニスト　10, 11, 14, 15, 21, 24, 25, 27, 28, 30, 43, 44, 48, 49, 50, 51, 56, 65, 68, 116, 119, 166, 168, 173, 175
ピアノフォルテ　5, 7
響き　7, 8, 13, 18, 19, 20, 26, 30, 44, 59, 64, 66, 67, 92
表現　6, 7, 15, 92, 98, 107, 175, 180
――力　29, 68

標準化　84, 89, 92, 98, 100, 173
品質　24, 35, 37, 43, 45, 55, 57, 58, 60, 67, 68, 91, 94, 96, 99, 100, 113, 117, 118, 166, 168, 174, 175, 179, 180
ファミリービジネス　11, 54
フェルト　1, 4, 19, 62, 63, 91
――ハンマー　17, 28
フォルテピアノ　1, 5, 7, 37, 90
不況　38, 40, 47, 51, 167
部品　1, 3, 4, 5, 12, 17, 22, 35, 37, 46, 47, 57, 61, 62, 63, 66, 67, 84, 85, 90, 91, 92, 94, 97, 98, 99, 100, 110, 167, 179
富裕層　23, 56, 167
プライド　69, 180
フラグシップ　82, 83, 88, 89, 100, 104, 110, 111, 112, 115, 116, 117, 118, 119, 171, 172, 173
ブラスバンド　83, 113, 114, 171
ブランド・エクイティ　105, 112
ブランド・パーソナリティ　105, 106, 107, 108, 111, 112, 113, 116, 117, 118, 119
ブリュートナー　2, 17, 20, 27, 28, 40, 90, 164
フルート　8, 82, 83, 85, 88, 110, 171
プレイエル　2, 14, 15, 16, 17, 18, 43, 45, 90, 164
フレーム　1, 4, 5, 12, 17, 18, 19, 20, 22, 28, 29, 36, 37, 41, 45, 46, 47, 57, 59, 61, 62, 64, 66, 90, 91, 167
ブロードウッド　2, 12, 13, 15, 16, 17, 18, 19, 35, 44
分業　93, 96, 97, 99, 119, 179
ベーゼンドルファー　2, 10, 11, 14, 18, 45, 82, 89, 90, 111, 117, 119, 164, 172, 173
ペダル　5, 12, 13, 15, 26, 28, 29, 64, 65, 67, 91
ベートーベン（ルドヴィッヒ・ヴァン・ベートーベン）　1, 10, 13, 16, 29
ベヒシュタイン　2, 17, 20, 24, 25, 26, 40, 82, 90, 117, 164
ベルトコンベア　110
ヘンリー（ヘンリー・スタインウェイ）　39, 40, 45, 51, 52, 57, 165
――・Z（ヘンリー・Z. スタインウェイ）　23, 48, 51, 58, 167
――・ジュニア（ヘンリー・Jr. スタインウェイ）　18, 20, 21, 22, 39, 40, 41, 42,

44, 57
ボディ　58, 62, 66, 68, 90, 93, 97
ボリュームゾーン　83, 88, 100, 111, 112, 116,
　　　　117, 119, 171, 173

マ行

マーケティング　27, 28, 35, 43, 44, 45, 51, 55,
　　　　100, 105, 106, 113, 116, 166
マーケティング戦略　83, 104, 119, 164, 172,
　　　　176, 177, 179
マニュアル　67, 92
ミドル・ユーザー　117, 179
メダル　25, 41, 43
木材　4, 35, 45, 57, 58, 59, 60, 64, 91, 92, 93, 94,
　　　　95, 99, 104, 109, 166, 169, 171
モジュール　84, 92

――化　92, 94, 99, 100, 104
木工　17, 37, 42, 66, 85, 94, 95, 108, 169
　――職人　60, 91
モデリング　94, 96
輸出　3, 7, 25, 28, 108, 169, 170

ラ行

リスト（フランツ・リスト）　1, 11, 13, 14, 25,
　　　　26, 27, 29, 48
リム　45, 49, 57, 58, 59, 61, 62, 64, 92, 165
量産　22, 30, 99, 100, 108, 110, 115, 118, 167,
　　　　169, 173, 179
　――体制　92, 119, 164, 165
　――品　89, 93, 98, 99, 112, 173
廉価　2, 30, 94, 172

著者略歴

大木裕子（おおき　ゆうこ）

博士（学術）
京都産業大学経営学部・同大学院マネジメント研究科教授。
東京藝術大学器楽科卒業後、東京シティ・フィルハーモニック管弦楽団ヴィオラ奏者、昭和音楽大学専任講師、京都産業大学経営学部専任講師、准教授を経て現職。専門はアートマネジメント。
主な著書に『オーケストラのマネジメント～芸術組織における共創環境～』文眞堂（2004年），『クレモナのヴァイオリン工房』文眞堂（2009年），がある。

ピアノ　技術革新とマーケティング戦略
～楽器のブランド形成メカニズム～

2015年7月20日　第1版第1刷発行　　　　　　　　検印省略

著　者	大　木　裕　子
発行者	前　野　　　隆

発行所　株式会社　文　眞　堂
東京都新宿区早稲田鶴巻町533
電話 03（3202）8480
FAX 03（3203）2638
http://www.bunshin-do.co.jp
郵便番号(162-0041) 振替00120-2-96437

印刷・モリモト印刷　　製本・イマキ製本所
© 2015
定価はカバー裏に表示してあります
ISBN978-4-8309-4869-5　C3034